LA

GÉOMÉTRIE

DE

RENÉ DESCARTES

NOUVELLE ÉDITION

© 2023 Culturea Editions
Illustration de couverture : © domaine public
Edition : Culturea, le patrimoine des lettres (Hérault, 34)
Contact : infos@culturea.fr
Retrouvez notre catalogue sur http://culturea.fr
Imprimé en Allemagne par Books on Demand, In de Tarpen 42, Norderstedt.
Design typographique : Derek Murphy
Layout : Reedsy (https://reedsy.com/)
ISBN : 9791041940219
Dépôt légal : janvier 2023
Tous droits réservés pour tous pays

LA GÉOMÉTRIE[1]

LIVRE PREMIER

DES PROBLÈMES QU'ON PEUT CONSTRUIRE SANS Y EMPLOYER QUE DES CERCLES ET DES LIGNES DROITES.

Tous les problèmes de géométrie se peuvent facilement réduire à tels termes, qu'il n'est besoin par après que de connoître la longueur de quelques lignes droites pour les construire.

Et comme toute l'arithmétique n'est composée que de quatre ou cinq opérations, qui sont, l'addition, la soustraction, la multiplication, la division, et l'extraction des racines, qu'on peut prendre pour une espèce de division, ainsi n'a-t-on autre chose à faire en géométrie touchant les lignes qu'on cherche pour les préparer à être connues, que leur en ajouter d'autres, ou en ôter ; ou bien en ayant une, que je nommerai l'unité pour la rapporter d'autant mieux aux nombres, et qui peut ordinairement être prise à discrétion, puis en ayant encore deux autres, en trouver une quatrième qui soit à l'une de ces deux comme l'autre est à l'unité, ce qui est le même que la multiplication ; ou bien en trouver une quatrième qui soit à l'une de ces deux comme l'unité est à l'autre, ce qui est le même que la division ; ou enfin trouver une ou deux, ou plusieurs moyennes proportionnelles entre l'unité et quelque autre ligne, ce qui est le même que tirer la racine carrée ou cubique, etc. Et je ne craindrai pas d'introduire ces termes d'arithmétique en la géométrie, afin de me rendre plus intelligible.

Soit, par exemple, AB *(fig. 1)* l'unité, et qu'il faille multiplier BD par BC, je n'ai qu'à joindre les points A et C, puis tirer DE parallèle à CA, et BE est

> Comment le calcul d'arithmétique se rapporte aux opérations de géométrie.

> La multiplication.

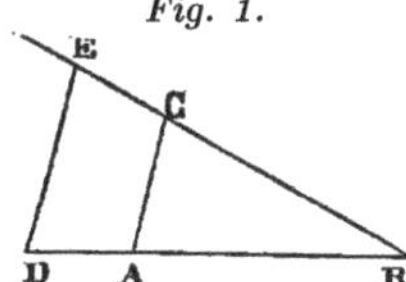

le produit de cette multiplication.

------

[1] Pour en faciliter la lecture, nous avons substitué à quelques signes employés par Descartes d'autres signes universellement adoptés, toutes les fois que ces changements n'en apportoient pas dans le *principe* de la notation. Le lecteur en sera prévenu.

Ou bien, s'il faut diviser BE par BD, ayant joint les points E et D, je tire La division.
AC parallèle à DE, et BC est le produit de cette division.

Ou s'il faut tirer la racine carrée de GH *(fig. 2)*, je lui ajoute en ligne droite L'extraction de la racine carrée.

Fig. 2.

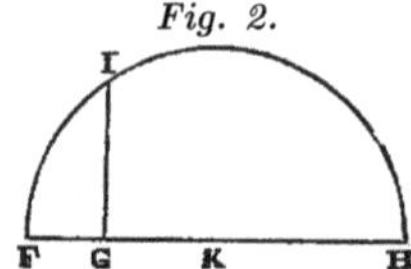

FG, qui est l'unité, et divisant FH en deux parties égales au point K, du centre
K je tire le cercle FIH, puis élevant du point G une ligne droite jusques à I à
angles droits sur FH, c'est GI la racine cherchée. Je ne dis rien ici de la racine
cubique, ni des autres, à cause que j'en parlerai plus commodément ci-après.

Mais souvent on n'a pas besoin de tracer ainsi ces lignes sur le papier, et il Comment on peut user de chiffres en géométrie.
suffit de les désigner par quelques lettres, chacune par une seule. Comme pour
ajouter la ligne BD à GH, je nomme l'une a et l'autre b, et écris $a + b$; et
$a - b$ pour soustraire b de a; et ab pour les multiplier l'une par l'autre; et $\dfrac{a}{b}$
pour diviser a par b; et aa ou a^2 pour multiplier a par soi-même[2]; et a^3 pour
le multiplier encore une fois par a, et ainsi à l'infini; et $\sqrt{a^2 + b^2}$, pour tirer la
racine carrée de $a^2 + b^2$; et $\sqrt{C \cdot a^3 - b^3 + ab^2}$, pour tirer la racine cubique de
$a^3 - b^3 + ab^2$, et ainsi des autres.

Où il est à remarquer que par a^2, ou b^3, ou semblables, je ne conçois ordinairement que des lignes toutes simples, encore que pour me servir des noms
usités en l'algèbre je les nomme des carrés ou des cubes, etc.

Il est aussi à remarquer que toutes les parties d'une même ligne se doivent
ordinairement exprimer par autant de dimensions l'une que l'autre, lorsque l'u-
nité n'est point déterminée en la question, comme ici a^3 en contient autant que
ab^2 or b^3 dont se compose la ligne que j'ai nommée

$$\sqrt{C \cdot a^3 - b^3 + ab^2};$$

mais que ce n'est pas de même lorsque l'unité est déterminée, à cause qu'elle
peut être sous-entendue partout où il y a trop ou trop peu de dimensions :
comme s'il faut tirer la racine cubique de $a^2b^2 - b$, il faut penser que la quantité
a^2b^2 est divisée une fois par l'unité, et que l'autre quantité b est multipliée deux
fois par la même.

Au reste, afin de ne pas manquer à se souvenir des noms de ces lignes, il
en faut toujours faire un registre séparé à mesure qu'on les pose ou qu'on les
change, écrivant par exemple[3] :

$AB = 1$, c'est-à-dire AB égal à 1.

---

[2] Cependant Descartes répète presque toujours les facteurs égaux lorsqu'ils ne sont qu'au
nombre de deux. Nous avons ici constamment adopté la notation a^2.

[3] Nous substituons partout le signe $=$ au signe ∞ dont se servoit Descartes.

$G\,H = a.$

$B\,D = b$, etc.

Ainsi, voulant résoudre quelque problème, on doit d'abord le considérer comme déjà fait, et donner des noms à toutes les lignes qui semblent nécessaires pour le construire, aussi bien à celles qui sont inconnues qu'aux autres. Puis, sans considérer aucune différence entre ces lignes connues et inconnues, on doit parcourir la difficulté selon l'ordre qui montre le plus naturellement de tous en quelle sorte elles dépendent mutuellement les unes des autres, jusques à ce qu'on ait trouvé moyen d'exprimer une même quantité en deux façons, ce qui se nomme une équation ; car les termes de l'une de ces deux façons sont égaux à ceux de l'autre. Et on doit trouver autant de telles équations qu'on a supposé de lignes qui étoient inconnues. Ou bien, s'il ne s'en trouve pas tant, et que nonobstant on n'omette rien de ce qui est désiré en la question, cela témoigne qu'elle n'est pas entièrement déterminée. Et lors on peut prendre à discrétion des lignes connues pour toutes les inconnues auxquelles ne correspond aucune équation. Après cela, s'il en reste encore plusieurs, il se faut servir par ordre de chacune des équations qui restent aussi, soit en la considérant toute seule, soit en la comparant avec les autres, pour expliquer chacune de ces lignes inconnues, et faire ainsi, en les démêlant, qu'il n'en demeure qu'une seule égale à quelque autre qui soit connue, ou bien dont le carré, ou le cube, ou le carré de carré, ou le sursolide, ou le carré de cube, etc., soit égal à ce qui se produit par l'addition ou soustraction de deux ou plusieurs autres quantités, dont l'une soit connue, et les autres soient composées de quelques moyennes proportionnelles entre l'unité et ce carré, ou cube, ou carré de carré, etc., multipliées par d'autres connues. Ce que j'écris en cette sorte :

$$z = b,$$
$$\text{ou } z^2 = -az + b^2,$$
$$\text{ou } z^3 = +az^2 + b^2z - c^3,$$
$$\text{ou } z^4 = az^3 - c^3z + d^4, \text{ etc.} ;$$

c'est-à-dire z, que je prends pour la quantité inconnue, est égale à b ; ou le carré de z est égal au carré de b moins a multiplié par z ; ou le cube de z est égal à a multiplié par le carré de z plus le carré de b multiplié par z moins le cube de c ; et ainsi des autres.

Et on peut toujours réduire ainsi toutes les quantités inconnues à une seule, lorsque le problème se peut construire par des cercles et des lignes droites, ou aussi par des sections coniques, ou même par quelque autre ligne qui ne soit que d'un ou deux degrés plus composée. Mais je ne m'arrête point à expliquer ceci plus en détail, à cause que je vous ôterois le plaisir de l'apprendre de vous-même, et l'utilité de cultiver votre esprit en vous y exerçant, qui est à mon avis la principale qu'on puisse tirer de cette science. Aussi que je n'y remarque rien de si difficile que ceux qui seront un peu versés en la géométrie commune et en l'algèbre, et qui prendront garde à tout ce qui est en ce traité, ne puissent trouver.

C'est pourquoi je me contenterai ici de vous avertir que, pourvu qu'en démêlant ces équations, on ne manque point à se servir de toutes les divisions qui seront possibles, on aura infailliblement les plus simples termes auxquels la question puisse être réduite.

Et que si elle peut être résolue par la géométrie ordinaire, c'est-à-dire en ne se servant que de lignes droites et circulaires tracées sur une superficie plate, lorsque la dernière équation aura été entièrement démêlée, il n'y restera tout au plus qu'un carré inconnu, égal à ce qui se produit de l'addition ou soustraction de sa racine multipliée par quelque quantité connue, et de quelque autre quantité aussi connue.

Et lors cette racine, ou ligne inconnue, se trouve aisément ; car si j'ai par exemple

$$z^2 = az + b^2,$$

je fais le triangle rectangle $N\,L\,M$ *(fig. 3)*, dont le côté $L\,M$ est égal à b, racine carrée de la quantité connue b^2, et l'autre $L\,N$ est $\frac{1}{2}a$, la moitié de l'autre

Fig. 3.

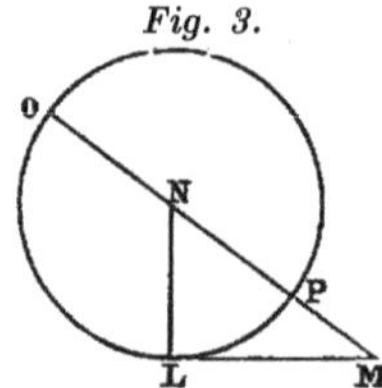

quantité connue qui étoit multipliée par z, que je suppose être la ligne inconnue ; puis prolongeant $M\,N$, la base de ce triangle, jusques à O, en sorte que $N\,O$ soit égale à $N\,L$, la toute $O\,M$ est z, la ligne cherchée ; et elle s'exprime en cette sorte :

$$z = \frac{1}{2}a + \sqrt{\frac{1}{4}a^2 + b^2}.$$

Que si j'ai $y^2 = -ay + b^2$, et que y soit la quantité qu'il faut trouver, je fais le même triangle rectangle $N\,L\,M$, et de sa base $M\,N$ j'ôte $N\,P$ égale à $N\,L$, et le reste $P\,M$ est y, la racine cherchée. De façon que j'ai

$$y = -\frac{1}{2}a + \sqrt{\frac{1}{4}a^2 + b^2}.$$

Et tout de même si j'avois

$$x^4 = -ax^2 + b^2,$$

$P\,M$ seroit x^2, et j'aurois

$$x = \sqrt{-\frac{1}{2}a + \sqrt{\frac{1}{4}a^2 + b^2}};$$

et ainsi des autres.

Enfin, si j'ai

$$z^2 = az - b^2,$$

je fais $N\,M$ *(fig. 4)* égale à $\frac{1}{2}a$, et $L\,M$ égale à b, comme devant ; puis, au lieu

de joindre les points $L\,N$, je tire $L\,Q\,R$ parallèle à $M\,N$, et du centre N, par L, ayant décrit un cercle qui la coupe aux points Q et R, la ligne cherchée z est $L\,Q$, ou bien $L\,R$; car en ce cas elle s'exprime en deux façons, à savoir

$$z = \frac{1}{2}a + \sqrt{\frac{1}{4}a^2 - b^2},$$

et

$$z = \frac{1}{2}a - \sqrt{\frac{1}{4}a^2 - b^2}.$$

Et si le cercle, qui ayant son centre au point N passe par le point M, ne coupe ni ne touche la ligne droite $L\,Q\,R$, il n'y a aucune racine en l'équation, de façon qu'on peut assurer que la construction du problème proposé est impossible.

Au reste, ces mêmes racines se peuvent trouver par une infinité d'autres moyens, et j'ai seulement voulu mettre ceux-ci, comme fort simples, afin de faire voir qu'on peut construire tous les problèmes de la géométrie ordinaire sans faire autre chose que le peu qui est compris dans les quatre figures que j'ai expliquées. Ce que je ne crois pas que les anciens aient remarqué ; car autrement ils n'eussent pas pris la peine d'en écrire tant de gros livres où le seul ordre de leurs propositions nous fait connoître qu'ils n'ont point eu la vraie méthode pour les trouver toutes, mais qu'ils ont seulement ramassé celles qu'ils ont rencontrées.

Et on peut le voir aussi fort clairement de ce que Pappus a mis au commencement de son septième livre, où après s'être arrêté quelque temps à dénombrer tout ce qui avoit été écrit en géométrie par ceux qui l'avoient précédé, il parle enfin d'une question qu'il dit que ni Euclide, ni Apollonius, ni aucun autre, n'avoient su entièrement résoudre ; et voici ses mots [4] :

Exemple tiré de Pappus.

Quem autem dicit (Apollonius) in tertio libro locum ad tres et quatuor lineas ab Euclide perfectum non esse, neque ipse perficere poterat, neque aliquis alius ;

---

[4] Je cite plutôt la version latine que le texte grec, afin que chacun l'entende plus aisément.

*sed neque paululum quid addere iis, quæ Euclides scripsit, per ea tantum conica,
quæ usque ad Euclidis tempora præmonstrata sunt, etc.*

Et un peu après il explique ainsi quelle est cette question :

*At locus ad tres et quatuor lineas, in quo (Apollonius) magnifice se jactat, et
ostentat, nulla habita gratia ei, qui prius scripserat, est hujusmodi. Si positione
datis tribus rectis lineis ab uno et eodem puncto, ad tres lineas in datis angulis
rectæ lineæ ducantur, et data sit proportio rectanguli contenti duabus ductis
ad quadratum reliquæ : punctum contingit positione datum solidum locum, hoc
est unam ex tribus conicis sectionibus. Et si ad quatuor rectas lineas positione
datas in datis angulis lineæ ducantur; et rectanguli duabus ductis contenti ad
contentum duabus reliquis proportio data sit : similiter punctum datam coni
sectionem positione continget. Si quidem igitur ad duas tantum locus planus
ostensus est. Quod si ad plures quam quatuor, punctum continget locos non
adhuc cognitos, sed lineas tantum dictas; quales autem sint, vel quam habeant
proprietatem, non constat : earum unam, neque primam, et quæ manifestissima
videtur, composuerunt ostendentes utilem esse. Propositiones autem ipsarum hæ
sunt.*

*Si ab aliquo puncto ad positione datas rectas lineas quinque ducantur rectæ
lineæ in datis angulis, et data sit proportio solidi parallelepipedi rectanguli, quod
tribus ductis lineis continetur ad solidum parallelepipedum rectangulum, quod
continetur reliquis duabus, et data quapiam linea, punctum positione datam lineam continget. Si autem ad sex, et data sit proportio solidi tribus lineis contenti
ad solidum, quod tribus reliquis continetur; rursus punctum continget positione
datam lineam. Quod si ad plures quam sex, non adhuc habent dicere, an data
sit proportio cujuspiam contenti quatuor lineis ad id quod reliquis continetur,
quoniam non est aliquid contentum pluribus quam tribus dimensionibus.*

Où je vous prie de remarquer en passant que le scrupule que faisoient les
anciens d'user des termes de l'arithmétique en la géométrie, qui ne pouvoit
procéder que de ce qu'ils ne voyoient pas assez clairement leur rapport, cau-
soit beaucoup d'obscurité et d'embarras en la façon dont ils s'expliquoient; car
Pappus poursuit en cette sorte :

*Acquiescunt autem his, qui paulo ante talia interpretati sunt; neque unum
aliquo pacto comprehensibile significantes quod his continetur. Licebit autem per
conjunctas proportiones hæc, et dicere, et demonstrare universe in dictis propor-
tionibus, atque his in hunc modum. Si ab aliquo puncto ad positione datas rectas
lineas ducantur rectæ lineæ in datis angulis, et data sit proportio conjuncta ex
ea, quam habet una ductarum ad unam, et altera ad alteram, et alia ad aliam,
et reliqua ad datam lineam, si sint septem; si vero octo, et reliqua ad reliquam :
punctum contingent positione datas lineas. Et similiter quotcumque sint impares
vel pares multitudine, cum hæc, ut dixi, loco ad quatuor lineas respondeant,
nullum igitur posuerunt ita ut linea nota sit, etc.*

La question donc qui avoit été commencée à résoudre par Euclide et pour-
suivie par Apollonius, sans avoir été achevée par personne, étoit telle : Ayant
trois ou quatre, ou plus grand nombre de lignes droites données par position;
premièrement on demande un point duquel on puisse tirer autant d'autres lignes
droites, une sur chacune des données, qui fassent avec elles des angles donnés,

et que le rectangle contenu en deux de celles qui seront ainsi tirées d'un même point, ait la proportion donnée avec le carré de la troisième, s'il n'y en a que trois ; ou bien avec le rectangle des deux autres, s'il y en a quatre ; ou bien, s'il y en a cinq, que le parallélipipède composé de trois ait la proportion donnée avec le parallélipipède composé des deux qui restent, et d'une autre ligne donnée ; ou s'il y en a six, que le parallélipipède composé de trois ait la proportion donnée avec le parallélipipède des trois autres ; ou s'il y en a sept, que ce qui se produit lorsqu'on en multiplie quatre l'une par l'autre, ait la raison donnée avec ce qui se produit par la multiplication des trois autres, et encore d'une autre ligne donnée ; ou s'il y en a huit, que le produit de la multiplication de quatre ait la proportion donnée avec le produit des quatre autres ; et ainsi cette question se peut étendre à tout autre nombre de lignes. Puis à cause qu'il y a toujours une infinité de divers points qui peuvent satisfaire à ce qui est ici demandé, il est aussi requis de connoître et de tracer la ligne dans laquelle ils doivent tous se trouver. Et Pappus dit que lorsqu'il n'y a que trois ou quatre lignes droites données, c'est en une des trois sections coniques ; mais il n'entreprend point de la déterminer ni de la décrire, non plus que d'expliquer celles où tous ces points se doivent trouver, lorsque la question est proposée en un plus grand nombre de lignes. Seulement il ajoute que les anciens en avoient imaginé une qu'ils montroient y être utile, mais qui sembloit la plus manifeste, et qui n'étoit pas toutefois la première. Ce qui m'a donné occasion d'essayer si, par la méthode dont je me sers, on peut aller aussi loin qu'ils ont été.

Et premièrement j'ai connu que cette question n'étant proposée qu'en trois, ou quatre, ou cinq lignes, on peut toujours trouver les points cherchés par la géométrie simple, c'est-à-dire en ne se servant que de la règle et du compas, ni ne faisant autre chose que ce qui a déjà été dit ; excepté seulement lorsqu'il y a cinq lignes données, si elles sont toutes parallèles : auquel cas, comme aussi lorsque la question est proposée en 6, ou 7, ou 8, ou 9 lignes, on peut toujours trouver les points cherchés par la géométrie des solides, c'est-à-dire en y employant quelqu'une des trois sections coniques ; excepté seulement lorsqu'il y a neuf lignes données, si elles sont toutes parallèles : auquel cas, derechef, et encore en 10, 11, 12 ou 13 lignes, on peut trouver les points cherchés par le moyen d'une ligne courbe qui soit d'un degré plus composée que les sections coniques ; excepté en treize, si elles sont toutes parallèles : auquel cas, et en 14, 15, 16 et 17, il y faudra employer une ligne courbe encore d'un degré plus composée que la précédente, et ainsi à l'infini.

Réponse à la question de Pappus.

Puis j'ai trouvé aussi que lorsqu'il n'y a que trois ou quatre lignes données, les points cherchés se rencontrent tous, non seulement en l'une des trois sections coniques, mais quelquefois aussi en la circonférence d'un cercle ou en une ligne droite ; et que lorsqu'il y en a cinq, ou six, ou sept, ou huit, tous ces points se rencontrent en quelqu'une des lignes qui sont d'un degré plus composées que les sections coniques, et il est impossible d'en imaginer aucune qui ne soit utile à cette question ; mais ils peuvent aussi derechef se rencontrer en une section conique, ou en un cercle, ou en une ligne droite. Et s'il y en a 9, ou 10, ou 11, ou 12, ces points se rencontrent en une ligne qui ne peut être que d'un degré plus composée que les précédentes ; mais toutes celles qui sont d'un degré plus composées y peuvent servir, et ainsi à l'infini.

Au reste, la première et la plus simple de toutes, après les sections coniques, est celle qu'on peut décrire par l'intersection d'une parabole et d'une ligne droite, en la façon qui sera tantôt expliquée. En sorte que je pense avoir entièrement satisfait à ce que Pappus nous dit avoir été cherché en ceci par les anciens ; et je tâcherai d'en mettre la démonstration en peu de mots, car il m'ennuie déjà d'en tant écrire.

Soient *(fig. 5) AB, AD, EF, GH*, etc., plusieurs lignes données par position, et qu'il faille trouver un point, comme C, duquel ayant tiré d'autres lignes droites sur les données, comme $C\,B$, $C\,D$, $C\,F$ et $C\,H$, en sorte que les angles $C\,B\,A$, $C\,D\,A$, $C\,F\,E$, $C\,H\,G$, etc., soient donnés, et que ce qui est produit par la multiplication d'une partie de ces lignes soit égal à ce qui est produit par la multiplication des autres, ou bien qu'ils aient quelque autre proportion donnée, car cela ne rend point la question plus difficile.

Premièrement, je suppose la chose comme déjà faite, et pour me démêler de 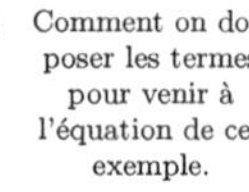

Comment on doit poser les termes pour venir à l'équation de cet exemple.

Fig. 5.

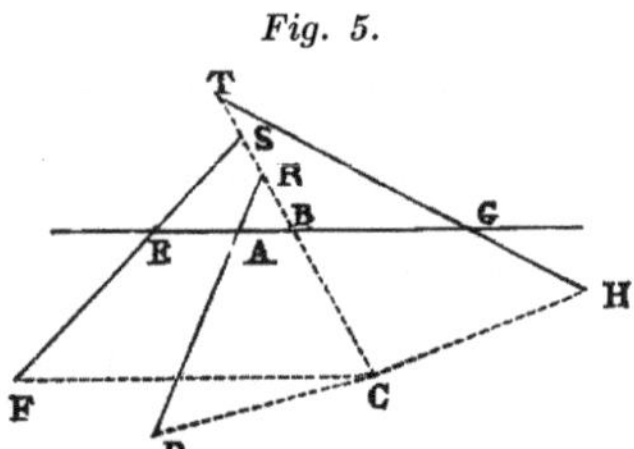

la confusion de toutes ces lignes je considère l'une des données, et l'une de celles qu'il faut trouver, par exemple $A\,B$ et $C\,B$, comme les principales et auxquelles je tâche de rapporter ainsi toutes les autres. Que le segment de la ligne $A\,B$, qui est entre les points A et B, soit nommé x ; et que $B\,C$ soit nommé y ; et que toutes les autres lignes données soient prolongées jusques à ce qu'elles coupent ces deux aussi prolongées, s'il est besoin, et si elles ne leur sont point parallèles ; comme vous voyez ici qu'elles coupent la ligne $A\,B$ aux points A, E, G, et $B\,C$ aux points R, S, T. Puis à cause que tous les angles du triangle $A\,R\,B$ sont donnés, la proportion qui est entre les côtés $A\,B$ et $B\,R$ est aussi donnée, et je la pose comme de z à b, de façon que $A\,B$ *(fig. 6)* étant x, $B\,R$ sera $\dfrac{bx}{z}$, et la toute $C\,R$ sera $y + \dfrac{bx}{z}$, à cause que le point B tombe entre C et R ; car si R tomboit entre C et B, $C\,R$ seroit $y - \dfrac{bx}{z}$; et si C tomboit entre B et R, $C\,R$ seroit $-y + \dfrac{bx}{z}$. Tout de même les trois angles du triangle $D\,R\,C$ sont donnés, et par conséquent aussi la proportion qui est entre les côtés $C\,R$ et $C\,D$, que je pose

8

comme de z à c, de façon que CR étant $y + \dfrac{bx}{z}$, CD sera $\dfrac{cy}{z} + \dfrac{bcx}{z^2}$. Après cela,
pourceque les lignes AB, AD et EF sont données par position, la distance qui
est entre les points A et E est aussi donnée, et si on la nomme k, on aura EB
égal à $k + x$; mais ce seroit $k - x$ si le point B tomboit entre E et A ; et $-k + x$
si E tomboit entre A et B. Et pourceque les angles du triangle ESB sont tous
donnés, la proportion de BE à BS est aussi donnée, et je la pose comme de z à

Fig. 6.

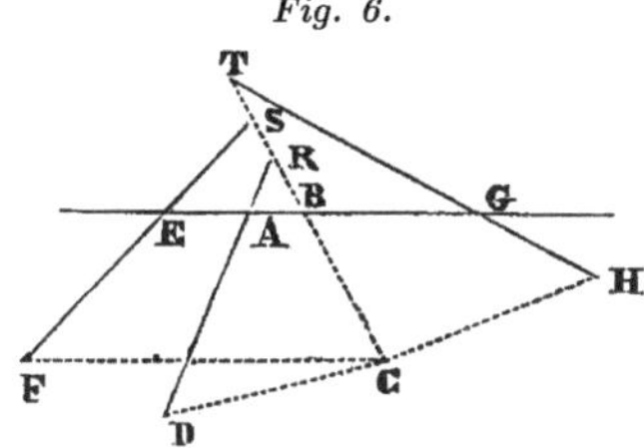

d, si bien que BS est $\dfrac{dk + dx}{z}$, et la toute CS est $\dfrac{zy + dk + dx}{z}$; mais ce seroit
$\dfrac{zy - dk - dx}{z}$, si le point S tomboit entre B et C ; et ce seroit $\dfrac{-zy + dk + dx}{z}$, si
C tomboit entre B et S. De plus les trois angles du triangle FSC sont donnés,
et ensuite la proportion de CS à CF, qui soit comme de z à e, et la toute CF
sera $\dfrac{ezy + dek + dex}{z^2}$. En même façon AG que je nomme l est donnée, et BG
est $l - x$, et à cause du triangle BGT, la proportion de BG à BT est aussi
donnée, qui soit comme de z à f, et BT sera $\dfrac{fl - fx}{z}$, et $CT = \dfrac{zy + fl - fx}{z}$.
Puis derechef la proportion de CT à CH est donnée à cause du triangle TCH,
et la posant comme de z à g, on aura $CH = \dfrac{gzy + fgl - fgx}{z^2}$.

Et ainsi vous voyez qu'en tel nombre de lignes données par position qu'on
puisse avoir, toutes les lignes tirées dessus du point C à angles donnés, suivant
la teneur de la question, se peuvent toujours exprimer chacune par trois termes, dont l'un est composé de la quantité inconnue y, multipliée ou divisée par
quelque autre connue ; et l'autre de la quantité inconnue x, aussi multipliée ou
divisée par quelque autre connue ; et le troisième d'une quantité toute connue ;
excepté seulement si elles sont parallèles, ou bien à la ligne AB, auquel cas le
terme composé de la quantité x sera nul ; ou bien à la ligne CB, auquel cas
celui qui est composé de la quantité y sera nul, ainsi qu'il est trop manifeste
pour que je m'arrête à l'expliquer. Et pour les signes $+$ et $-$ qui se joignent à
ces termes, ils peuvent être changés en toutes les façons imaginables.

Puis vous voyez aussi que, multipliant plusieurs de ces lignes l'une par l'autre,
les quantités x et y qui se trouvent dans le produit n'y peuvent avoir que chacune
autant de dimensions qu'il y a eu de lignes à l'explication desquelles elles servent,

9

qui ont été ainsi multipliées ; en sorte qu'elles n'auront jamais plus de deux
dimensions en ce qui ne sera produit que par la multiplication de deux lignes ;
ni plus de trois, en ce qui ne sera produit que par la multiplication de trois, et
ainsi à l'infini.

De plus, à cause que pour déterminer le point C, il n'y a qu'une seule condition qui soit requise, à savoir que ce qui est produit par la multiplication d'un
certain nombre de ces lignes soit égal, ou, ce qui n'est de rien plus malaisé, ait
la proportion donnée à ce qui est produit par la multiplication des autres ; on
peut prendre à discrétion l'une des deux quantités inconnues x ou y, et chercher
l'autre par cette équation, en laquelle il est évident que, lorsque la question
n'est point posée en plus de cinq lignes, la quantité x, qui ne sert point à l'ex-
pression de la première, peut toujours n'y avoir que deux dimensions ; de façon
que, prenant une quantité connue pour y, il ne restera que $x^2 = +$ ou $- ax +$
ou $- b^2$; et ainsi on pourra trouver la quantité x avec la règle et le compas,
en la façon tantôt expliquée. Même, prenant successivement infinies diverses
grandeurs pour la ligne y, on en trouvera aussi infinies pour la ligne x, et ainsi
on aura une infinité de divers points, tels que celui qui est marqué C, par le
moyen desquels on décrira la ligne courbe demandée.

Il se peut faire aussi, la question étant proposée en six ou plus grand nombre
de lignes, s'il y en a entre les données qui soient parallèles à $A\,B$ ou $B\,C$, que
l'une des deux quantités x ou y n'ait que deux dimensions en l'équation, et ainsi
qu'on puisse trouver le point C avec la règle et le compas. Mais au contraire si
elles sont toutes parallèles, encore que la question ne soit proposée qu'en cinq
lignes, ce point C ne pourra ainsi être trouvé, à cause que la quantité x ne
se trouvant point en toute l'équation, il ne sera plus permis de prendre une
quantité connue pour celle qui est nommée y, mais ce sera celle qu'il faudra
chercher. Et pourcequ'elle aura trois dimensions, on ne le pourra trouver qu'en
tirant la racine d'une équation cubique, ce qui ne se peut généralement faire
sans qu'on y emploie pour le moins une section conique. Et encore qu'il y ait
jusques à neuf lignes données, pourvu qu'elles ne soient point toutes parallèles,
on peut toujours faire que l'équation ne monte que jusques au carré de carré ;
au moyen de quoi on la peut aussi toujours résoudre par les sections coniques,
en la façon que j'expliquerai ci-après. Et encore qu'il y en ait jusques à treize,
on peut toujours faire qu'elle ne monte que jusques au carré de cube ; ensuite de
quoi on la peut résoudre par le moyen d'une ligne, qui n'est que d'un degré plus
composée que les sections coniques, en la façon que j'expliquerai aussi ci-après.
Et ceci est la première partie de ce que j'avois ici à démontrer ; mais avant que
je passe à la seconde, il est besoin que je dise quelque chose en général de la
nature des lignes courbes.

Comment on
trouve que ce
problème est plan,
lorsqu'il n'est
point proposé en
plus de cinq
lignes.

LIVRE SECOND

DE LA NATURE DES LIGNES COURBES.

Les anciens ont fort bien remarqué qu'entre les problèmes de géométrie, les uns sont plans, les autres solides et les autres linéaires, c'est-à-dire que les uns peuvent être construits en ne traçant que des lignes droites et des cercles ; au lieu que les autres ne le peuvent être, qu'on n'y emploie pour le moins quelque section conique ; ni enfin les autres, qu'on n'y emploie quelque autre ligne plus composée. Mais je m'étonne de ce qu'ils n'ont point outre cela distingué divers degrés entre ces lignes plus composées, et je ne saurois comprendre pourquoi ils les ont nommées mécaniques plutôt que géométriques. Car de dire que c'ait été à cause qu'il est besoin de se servir de quelque machine pour les décrire, il faudroit rejeter par même raison les cercles et les lignes droites, vu qu'on ne les décrit sur le papier qu'avec un compas et une règle, qu'on peut aussi nommer des machines. Ce n'est pas non plus à cause que les instruments qui servent à les tracer, étant plus composés que la règle et le compas, ne peuvent être si justes ; car il faudroit pour cette raison les rejeter des mécaniques, où la justesse des ouvrages qui sortent de la main est désirée, plutôt que de la géométrie, où c'est seulement la justesse du raisonnement qu'on recherche, et qui peut sans doute être aussi parfaite touchant ces lignes que touchant les autres. Je ne dirai pas aussi que ce soit à cause qu'ils n'ont pas voulu augmenter le nombre de leurs demandes, et qu'ils se sont contentés qu'on leur accordât qu'ils pussent joindre deux points donnés par une ligne droite, et décrire un cercle d'un centre donné qui passât par un point donné ; car ils n'ont point fait de scrupule de supposer outre cela, pour traiter des sections coniques, qu'on pût couper tout cône donné par un plan donné. Et il n'est besoin de rien supposer pour tracer toutes les lignes courbes que je prétends ici d'introduire, sinon que deux ou plusieurs lignes puissent être mues l'une par l'autre, et que leurs intersections en marquent d'autres ; ce qui ne me paroît en rien plus difficile. Il est vrai qu'ils n'ont pas aussi entièrement reçu les sections coniques en leur géométrie, et je ne veux pas entreprendre de changer les noms qui ont été approuvés par l'usage ; mais il est, ce me semble, très clair que, prenant comme on fait pour géométrique ce qui est précis et exact, et pour mécanique ce qui ne l'est pas, et considérant la géométrie comme une science qui enseigne généralement à connoître les mesures de tous les corps, on n'en doit pas plutôt exclure les lignes les plus composées que les plus simples, pourvu qu'on les puisse imaginer être décrites par un mouvement continu, ou par plusieurs qui s'entre-suivent, et dont les derniers soient entièrement réglés par ceux qui les précèdent ; car par ce moyen on peut toujours avoir une connoissance exacte de leur mesure. Mais peut-être que ce qui a empêché les anciens géomètres de recevoir celles qui étoient plus composées que les sections coniques, c'est que les premières qu'ils ont considérées, ayant par hasard été la spirale, la quadratrice et semblables, qui n'appartiennent véritablement qu'aux mécaniques, et ne sont point du nombre

Quelles sont les lignes courbes qu'on peut recevoir en géométrie.

de celles que je pense devoir ici être reçues, à cause qu'on les imagine décrites
par deux mouvements séparés, et qui n'ont entre eux aucun rapport qu'on puisse
mesurer exactement ; bien qu'ils aient après examiné la conchoïde, la cissoïde,
et quelque peu d'autres qui en sont, toutefois à cause qu'ils n'ont peut-être
pas assez remarqué leurs propriétés, ils n'en ont pas fait plus d'état que des
premières ; ou bien c'est que, voyant qu'ils ne connoissoient encore que peu de
choses touchant les sections coniques, et qu'il leur en restait même beaucoup,
touchant ce qui se peut faire avec la règle et le compas, qu'ils ignoroient, ils ont
cru ne devoir point entamer de matière plus difficile. Mais pourceque j'espère
que dorénavant ceux qui auront l'adresse de se servir du calcul géométrique ici
proposé, ne trouveront pas assez de quoi s'arrêter touchant les problèmes plans
ou solides, je crois qu'il est à propos que je les invite à d'autres recherches, où
ils ne manqueront jamais d'exercice.

Voyez les lignes AB, AD, AF et semblables *(fig. 7)*, que je suppose avoir
été décrites par l'aide de l'instrument YZ, qui est composé de plusieurs règles

Fig. 7.

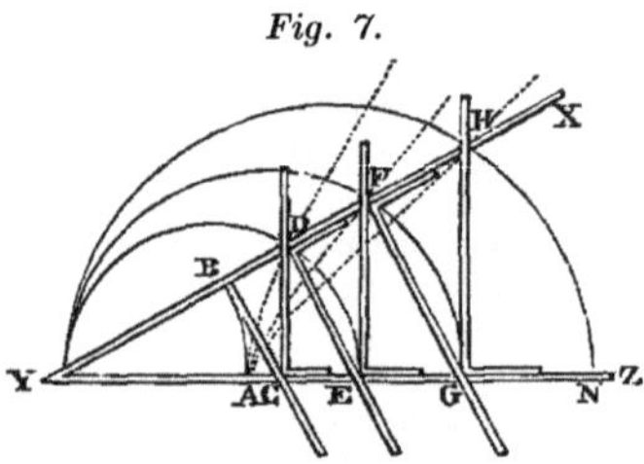

tellement jointes que celle qui est marquée YZ étant arrêtée sur la ligne AN,
on peut ouvrir et fermer l'angle XYZ, et que lorsqu'il est tout fermé, les points
B, C, D, E, F, G, H sont tous assemblés au point A ; mais qu'à mesure qu'on
l'ouvre, la règle BC, qui est jointe à angles droits avec XY au point B, pousse
vers Z la règle CD, qui coule sur YZ en faisant toujours des angles droits avec
elle ; et CD pousse DE, qui coule tout de même sur YX en demeurant parallèle
à BC ; DE pousse EF, EF pousse FG, celle-ci pousse GH, et on en peut
concevoir une infinité d'autres qui se poussent consécutivement en même façon,
et dont les unes fassent toujours les mêmes angles avec YX et les autres avec
YZ. Or, pendant qu'on ouvre ainsi l'angle XYZ, le point B décrit la ligne AB,
qui est un cercle ; et les autres points D, F, H, où se font les intersections des
autres règles, décrivent d'autres lignes courbes AD, AF, AH, dont les dernières
sont par ordre plus composées que la première, et celle-ci plus que le cercle ; mais
je ne vois pas ce qui peut empêcher qu'on ne conçoive aussi nettement et aussi
distinctement la description de cette première que du cercle, ou du moins que
des sections coniques ; ni ce qui peut empêcher qu'on ne conçoive la seconde, et
la troisième, et toutes les autres qu'on peut décrire, aussi bien que la première ;
ni par conséquent qu'on ne les reçoive toutes en même façon pour servir aux

spéculations de géométrie.

Je pourrois mettre ici plusieurs autres moyens pour tracer et concevoir des lignes courbes qui seroient de plus en plus composées par degrés à l'infini ; mais pour comprendre ensemble toutes celles qui sont en la nature, et les distinguer par ordre en certains genres, je ne sache rien de meilleur que de dire que tous les points de celles qu'on peut nommer géométriques, c'est-à-dire qui tombent sous quelque mesure précise et exacte, ont nécessairement quelque rapport à tous les points d'une ligne droite, qui peut être exprimée par quelque équation, en tous par une même ; et que, lorsque cette équation ne monte que jusqu'au rectangle de deux quantités indéterminées, ou bien au carré d'une même, la ligne courbe est du premier et plus simple genre, dans lequel il n'y a que le cercle, la parabole, l'hyperbole et l'ellipse qui soient comprises ; mais que lorsque l'équation monte jusqu'à la troisième ou quatrième dimension des deux, ou de l'une des deux quantités indéterminées (car il en faut deux pour expliquer ici le rapport d'un point à un autre), elle est du second ; et que lorsque l'équation monte jusqu'à la cinquième ou sixième dimension, elle est du troisième ; et ainsi des autres à l'infini. Comme si je veux savoir de quel genre est la ligne $E\,C$ *(fig. 8)*, que j'imagine être décrite par l'intersection de la règle $G\,L$ et du plan rectiligne

La façon de distinguer toutes les lignes courbe en certains genres, et de connoître le rapport qu'ont tous leurs points à ceux des lignes droites.

Fig. 8.

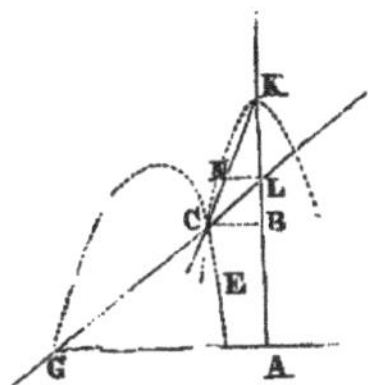

$C\,N\,K\,L$, dont le côté $K\,N$ est indéfiniment prolongé vers C, et qui, étant mu sur le plan de dessous en ligne droite, c'est-à-dire en telle sorte que son diamètre $K\,L$ se trouve toujours appliqué sur quelque endroit de la ligne $B\,A$ prolongée de part et d'autre, fait mouvoir circulairement cette règle $G\,L$ autour du point G, à cause qu'elle lui est tellement jointe qu'elle passe toujours par le point L. Je choisis une ligne droite comme $A\,B$, pour rapporter à ses divers points tous ceux de cette ligne courbe $E\,C$; et en cette ligne $A\,B$ je choisis un point comme A, pour commencer par lui ce calcul. Je dis que je choisis et l'un et l'autre, à cause qu'il est libre de les prendre tels qu'on veut ; car encore qu'il y ait beaucoup de choix pour rendre l'équation plus courte et plus aisée, toutefois en quelle façon qu'on les prenne, on peut toujours faire que la ligne paroisse de même genre, ainsi qu'il est aisé à démontrer. Après cela prenant un point à discrétion dans la courbe, comme C, sur lequel je suppose que l'instrument qui sert à la décrire est appliqué, je tire de ce point C la ligne $C\,B$ parallèle à $G\,A$, et pourceque $C\,B$ et $B\,A$ sont deux quantités indéterminées et inconnues, je les nomme l'une

13

y et l'autre x ; mais afin de trouver le rapport de l'une à l'autre, je considère aussi les quantités connues qui déterminent la description de cette ligne courbe, comme $G\,A$, que je nomme a, $K\,L$ que je nomme b, et $N\,L$, parallèle à $G\,A$, que je nomme c ; puis je dis, comme $N\,L$ est à $L\,K$, ou c à b, ainsi $C\,B$ ou y est à $B\,K$, qui est par conséquent $\dfrac{b}{c}y$: et $B\,L$ est $\dfrac{b}{c}y - b$, et $A\,L$ est $x + \dfrac{b}{c}y - b$. De plus, comme $C\,B$ est à $L\,B$, ou y à $\dfrac{b}{c}y - b$, ainsi $A\,G$ ou a est à $L\,A$ ou $x + \dfrac{b}{c}y - b$; de façon que, multipliant la seconde par la troisième, on produit $\dfrac{ab}{c}y - ab$ qui est égale à $xy + \dfrac{b}{c}y^2 - by$, qui se produit en multipliant la première par la dernière : et ainsi l'équation qu'il falloit trouver est

$$y^2 = cy - \frac{cx}{b}y + ay - ac,$$

de laquelle on connoît que la ligne $E\,G$ est du premier genre, comme en effet elle n'est autre qu'une hyperbole.

Que si, en l'instrument qui sert à la décrire, on fait qu'au lieu de la ligne droite $C\,N\,K$, ce soit cette hyperbole, ou quelque autre ligne courbe du premier genre, qui termine le plan $C\,N\,K\,L$, l'intersection de cette ligne et de la règle $G\,L$ décrira, au lieu de l'hyperbole $E\,C$, une autre ligne courbe qui sera d'un second genre. Comme si $C\,N\,K$ est un cercle dont L soit le centre, on décrira la première conchoïde des anciens ; et si c'est une parabole dont le diamètre soit $K\,B$, on décrira la ligne courbe que j'ai tantôt dit être la première et la plus simple pour la question de Pappus, lorsqu'il n'y a que cinq lignes droites données par position ; mais si au lieu d'une de ces lignes courbes du premier genre, c'en est une du second qui termine le plan $C\,N\,K\,L$, on en décrira, par son moyen, une du troisième, ou si c'en est une du troisième, on en décrira une du quatrième, et ainsi à l'infini, comme il est fort aisé à connoître par le calcul. Et en quelque autre façon qu'on imagine la description d'une ligne courbe, pourvu qu'elle soit du nombre de celles que je nomme géométriques, on pourra toujours trouver une équation pour déterminer tous ses points en cette sorte.

Au reste, je mets les lignes courbes qui font monter cette équation jusqu'au carré, au même genre que celles qui ne la font monter que jusqu'au cube ; et celles dont l'équation monte au carré de cube, au même genre que celles dont elle ne monte qu'au sursolide, et ainsi des autres : dont la raison est qu'il y a règle générale pour réduire au cube toutes les difficultés qui vont au carré de carré, et au sursolide toutes celles qui vont au carré de cube ; de façon qu'on ne les doit point estimer plus composées.

Mais il est à remarquer qu'entre les lignes de chaque genre, encore que la plupart soient également composées, en sorte qu'elles peuvent servir à déterminer les mêmes points et construire les mêmes problèmes, il y en a toutefois aussi quelques unes qui sont plus simples, et qui n'ont pas tant d'étendue en leur puissance ; comme entre celles du premier genre, outre l'ellipse, l'hyperbole et la parabole, qui sont également composées, le cercle y est aussi compris, qui manifestement est plus simple ; et entre celles du second genre, il y a la conchoïde vulgaire, qui a son origine du cercle ; et il y en a encore quelques autres qui, bien qu'elles n'aient pas tant d'étendue que la plupart de celles du même genre, ne peuvent toutefois être mises dans le premier.

Or, après avoir ainsi réduit toutes les lignes courbes à certains genres, il m'est aisé de poursuivre en la démonstration de la réponse que j'ai tantôt faite à la question de Pappus ; car premièrement, ayant fait voir ci-dessus que, lorsqu'il n'y a que trois ou quatre lignes droites données, l'équation qui sert à déterminer les points cherchés ne monte que jusqu'au carré, il est évident que la ligne courbe où se trouvent ces points est nécessairement quelqu'une de celles du premier genre, à cause que cette même équation explique le rapport qu'ont tous les points des lignes du premier genre à ceux d'une ligne droite ; et que lorsqu'il n'y a point plus de huit lignes droites données, cette équation ne monte que jusqu'au carré de carré tout au plus, et que par conséquent la ligne cherchée ne peut être que du second genre, ou au-dessous ; et que lorsqu'il n'y a point plus de douze lignes données, l'équation ne monte que jusqu'au carré de cube, et que par conséquent la ligne cherchée n'est que du troisième genre, ou au-dessous ; et ainsi des autres. Et même à cause que la position des lignes droites données peut varier en toutes sortes, et par conséquent faire changer tant les quantités connues que les signes + et − de l'équation, en toutes les façons imaginables, il est évident qu'il n'y a aucune ligne courbe du premier genre qui ne soit utile à cette question, quand elle est proposée en quatre lignes droites ; ni aucune du second qui n'y soit utile, quand elle est proposée en huit ; ni du troisième, quand elle est proposée en douze ; et ainsi des autres : en sorte qu'il n'y a pas une ligne courbe qui tombe sous le calcul et puisse être reçue en géométrie, qui n'y soit utile pour quelque nombre de lignes.

Mais il faut ici plus particulièrement que je détermine et donne la façon de trouver la ligne cherchée qui sert en chaque cas, lorsqu'il n'y a que trois ou quatre lignes droites données ; et on verra, par même moyen, que le premier genre des lignes courbes n'en contient aucunes autres que les trois sections coniques et le cercle.

Fig. 9.

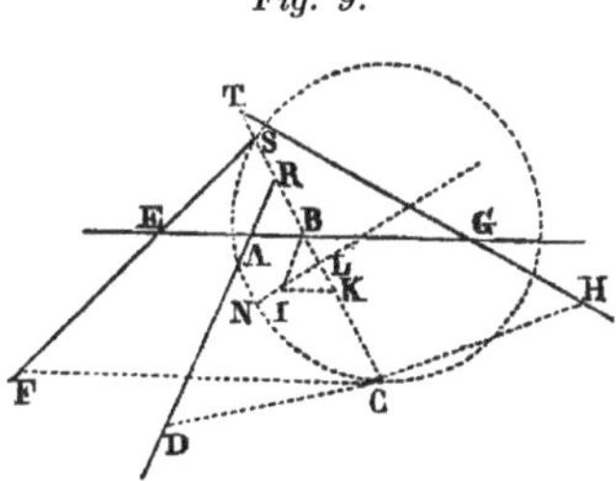

Reprenons les quatre lignes AB, AD, EF et GH *(fig. 9)* données ci-dessus, et qu'il faille trouver une autre ligne en laquelle il se rencontre une infinité de points tels que C, duquel ayant tiré les quatre lignes $C\,B$, $C\,D$, $C\,F$ et $C\,H$, à angles donnés sur les données, $C\,B$ multipliée par $C\,F$ produit une somme égale à $C\,D$ multipliée par $C\,H$; c'est-à-dire, ayant fait

$$C\,B = y, \quad C\,D = \frac{czy + bcx}{z^2}, \quad C\,F = \frac{ezy + dek + dex}{z^2},$$
$$\text{et} \quad C\,H = \frac{gzy + fgl - fgx}{z^2},$$

l'équation est[5]

$$y^2 = \frac{(cfglz - dckz^2)y - (dez^2 + cfgz - bcgz)xy + bcfglx - bcfgx^2}{ez^3 - cgz^2}.$$

au moins en supposant ez plus grand que cg, car s'il étoit moindre il faudroit changer tous les signes $+$ et $-$. Et si la quantité y se trouvoit nulle ou moindre que rien en cette équation, lorsqu'on a supposé le point C en l'angle $D\,A\,G$, il faudroit le supposer aussi en l'angle $D\,A\,E$, ou $E\,A\,R$, ou $R\,A\,G$, en changeant les signes $+$ et $-$ selon qu'il serait requis à cet effet. Et si en toutes ces quatre positions la valeur de y se trouvoit nulle, la question seroit impossible au cas proposé. Mais supposons-la ici être possible, et pour en abréger les termes, au lieu des quantités $\dfrac{cfglz - dekz^2}{ez^3 - cgz^2}$, écrivons $2m$; et au lieu de $\dfrac{dez^2 + cfgz - bcgz}{ez^3 - cgz^2}$, écrivons $\dfrac{2n}{z}$; et ainsi nous aurons

$$y^2 = 2my - \frac{2n}{z}xy + \frac{bcfglx - bcfgx^2}{ez^3 - cgz^2},$$

dont la racine est

$$y = m - \frac{nx}{z} + \sqrt{m^2 - \frac{2mnx}{z} + \frac{n^2x^2}{z^2} + \frac{bcfglx - bcfgx^2}{ez^3 - cgz^2}} ;$$

et de rechef pour abréger, au lieu de $-\dfrac{2mn}{z} + \dfrac{bcfgl}{ez^3 - cgz^2}$, écrivons o ; et au lieu de $\dfrac{n^2}{z^2} - \dfrac{bcfg}{ez^2 - cgz^2}$, écrivons $\dfrac{p}{m}$; car ces quantités étant toutes données, nous les pouvons nommer comme il nous plaît : et ainsi nous avons

$$y = m - \frac{n}{z}x + \sqrt{m^2 + ox + \frac{p}{m}x^2},$$

qui doit être la longueur de la ligne $B\,C$, en laissant $A\,B$ ou x indéterminée. Et il est évident que la question n'étant proposée qu'en trois ou quatre lignes, on

---

[5]Les termes contenus entre deux parenthèses sont placés l'un sous l'autre dans les anciennes éditions, comme, par exemple, $\left.\begin{array}{c}-dekz^2\\+cfglz\end{array}\right\} y.$

peut toujours avoir de tels termes, excepté que quelques uns d'eux peuvent être
nuls, et que les signes + et - peuvent diversement être changés.

Après cela je fais $K\,I$ égale et parallèle à $B\,A$, en sorte qu'elle coupe de $B\,C$
la partie $B\,K$ égale à m, à cause qu'il y a ici $+m$; et je l'aurois ajoutée en tirant
cette ligne $I\,K$ de l'autre côté, s'il y avoit eu $-m$; et je ne l'aurois point du tout
tirée, si la quantité m eût été nulle. Puis je tire aussi $I\,L$, en sorte que la ligne
$I\,K$ est à $K\,L$ comme z est à n; c'est-à-dire que $I\,K$ étant x, $K\,L$ est $\dfrac{n}{z}x$. Et
par même moyen je connois aussi la proportion qui est entre $K\,L$ et $I\,L$, que je
pose comme entre n et a : si bien que $K\,L$ étant $\dfrac{n}{z}x$, $I\,L$ est $\dfrac{a}{z}x$. Et je fais que
le point K soit entre L et C, à cause qu'il y a ici $-\dfrac{n}{z}x$; au lieu que j'aurois mis
L entre K et C, si j'eusse eu $+\dfrac{n}{z}x$; et je n'eusse point tiré cette ligne $I\,L$, si $\dfrac{n}{z}x$
eût été nulle.

Or, cela fait, il ne me reste plus pour la ligne $L\,C$ que ces termes

$$LC = \sqrt{m^2 + ox + \frac{p}{m}x^2},$$

d'où je vois que s'ils étoient nuls, ce point C se trouveroit en la ligne droite
$I\,L$; et que s'ils étoient tels que la racine s'en pût tirer, c'est-à-dire que m^2 et
$\dfrac{p}{m}x^2$ étant marqués d'un même signe $+$ ou $-$, o^2 fût égal à $4pm$, ou bien que
les termes m^2 et ox, ou ox et $\dfrac{p}{m}x^2$ fussent nuls, ce point C se trouveroit en une
autre ligne droite qui ne seroit pas plus malaisée à trouver que $I\,L$. Mais lorsque
cela n'est pas, ce point C est toujours en l'une des trois sections ou en un cercle
dont l'un des diamètres est en la ligne $I\,L$, et la ligne $L\,C$ est l'une de celles
qui s'appliquent par ordre à ce diamètre; ou au contraire $L\,C$ est parallèle au
diamètre auquel celle qui est en la ligne $I\,L$ est appliquée par ordre; à savoir si
le terme $\dfrac{p}{m}x^2$ est nul, cette section conique est une parabole; et s'il est marqué
du signe $+$, c'est une hyperbole; et enfin s'il est marqué du signe $-$, c'est une
ellipse, excepté seulement si la quantité a^2m est égale à pz^2, et que l'angle $I\,L\,C$
soit droit, auquel cas on a un cercle au lieu d'une ellipse. Que si cette section
est une parabole, son côté droit est égal à $\dfrac{oz}{a}$, et son diamètre est toujours en
la ligne $I\,L$; et pour trouver le point N, qui en est le sommet, il faut faire $I\,N$
égale à $\dfrac{am^2}{oz}$; et que le point I soit entre L et N, si les termes sont $+m^2 + ox$;
ou bien que le point L soit entre I et N, s'ils sont $+m^2 - ox$; ou bien il faudroit
que N fût entre I et L, s'il y avoit $-m^2 + ox$. Mais il ne peut jamais y avoir
$-m^2$, en la façon que les termes ont ici été posés. Et enfin le point N seroit le
même que le point I si la quantité m^2 étoit nulle; au moyen de quoi il est aisé de
trouver cette parabole par le premier problème du premier livre d'Apollonius.

Que si la ligne demandée est un cercle, ou une ellipse, ou une hyperbole, il
faut premièrement chercher le point M qui en est le centre, et qui est toujours
en la ligne droite $I\,L$; ou on le trouve en prenant $\dfrac{aom}{2pz}$ pour $I\,M$, en sorte que si

la quantité o est nulle, ce centre est justement au point I. Et si la ligne cherchée est un cercle ou une ellipse, on doit prendre le point M du même côté que le point L, au respect du point I, lorsqu'on a $+\,ox$; et lorsqu'on a $-\,ox$, on le doit prendre de l'autre. Mais tout au contraire, en l'hyperbole, si on a $-\,ox$, ce centre M doit être vers L ; et si on a $+\,ox$, il doit être de l'autre côté. Après cela le côté droit de la figure doit être

$$\sqrt{\frac{o^2z^2}{a^2} + \frac{4mpz^2}{a^2}},$$

lorsqu'on a $+\,m^2$, et que la ligne cherchée est un cercle ou une ellipse ; ou bien lorsqu'on a $-\,m^2$, et que c'est une hyperbole ; et il doit être

$$\sqrt{\frac{o^2z^2}{a^2} - \frac{4mpz^2}{a^2}},$$

si la ligne cherchée, étant un cercle ou une ellipse, on a $-\,m^2$; ou bien si étant une hyperbole, et la quantité o^2 étant plus grande que $4mp$, on a $+\,m^2$. Que si la quantité m^2 est nulle, ce côté droit est $\dfrac{oz}{a}$; et si ox est nulle, il est

$$\sqrt{\frac{4mpz^2}{a^2}}.$$

Puis, pour le côté traversant, il faut trouver une ligne qui soit à ce côté droit comme a^2m est à pz^2 ; à savoir si ce côté droit est

$$\sqrt{\frac{o^2z^2}{a^2} + \frac{4mpz^2}{a^2}},$$

le traversant est

$$\sqrt{\frac{a^2o^2m^2}{p^2z^2} + \frac{4a^2m^3}{pz^2}}.$$

Et en tous ces cas le diamètre de la section est en la ligne $I\,M$, et $L\,C$ est l'une de celles qui lui est appliquée par ordre. Si bien que, faisant $M\,N$ égale à la moitié du côté traversant, et le prenant du même côté du point M qu'est le point L, on a le point N pour le sommet de ce diamètre ; ensuite de quoi il est aisé de trouver la section par les second et troisième problèmes du premier livre d'Apollonius.

Mais quand cette section étant une hyperbole, on a $+\,m^2$, et que la quantité o^2 est nulle ou plus petite que $4pm$, on doit tirer du centre M la ligne $M\,O\,P$ parallèle à $L\,C$, et $C\,P$ parallèle à $L\,M$, et faire $M\,O$ égale à

$$\sqrt{m^2 - \frac{o^2m}{4p}},$$

ou bien la faire égale à m si la quantité ox est nulle ; puis considérer le point O

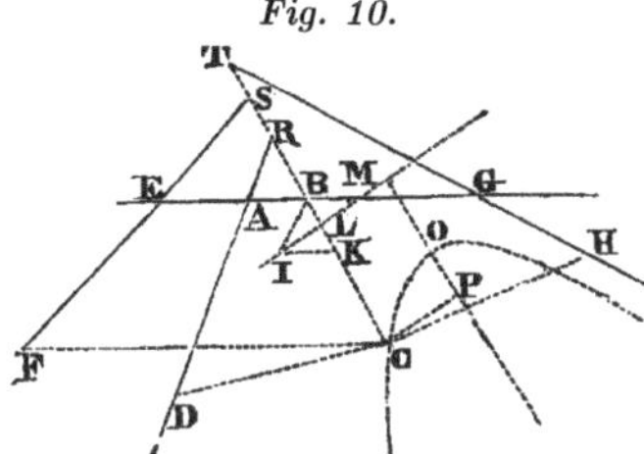

comme le sommet de cette hyperbole, dont le diamètre est $O\,P$, et $C\,P$ la ligne qui lui est appliquée par ordre, et son côté droit est

$$\sqrt{\frac{4a^4m^4}{p^2z^4} - \frac{a^4o^2m^3}{p^3z^4}},$$

et son côté traversant est

$$\sqrt{4m^2 - \frac{o^2m}{p}};$$

excepté quand ox est nulle, car alors le côté droit est $\dfrac{2a^2m^2}{pz^2}$, et le traversant est $2m$; et ainsi il est aisé de la trouver par le troisième problème du premier livre d'Apollonius.

Et les démonstrations de tout ceci sont évidentes ; car composant un espace des quantités que j'ai assignées pour le côté droit, et le traversant, et pour le segment du diamètre $N\,L$ ou $O\,P$, suivant la teneur du 11e, du 12e et du 13e théorème du premier livre d'Apollonius, on trouvera tous les mêmes termes dont est composé le carré de la ligne $C\,P$, ou $C\,L$, qui est appliquée par ordre à ce diamètre. Comme en cet exemple, ôtant $I\,M$ qui est $\dfrac{aom}{2pz}$, de $N\,M$ qui est

$$\frac{am}{2pz}\sqrt{o^2 + 4mp},$$

j'ai $I\,N$, à laquelle ajoutant $I\,L$ qui est $\dfrac{a}{z}x$, j'ai $N\,L$ qui est

$$\frac{a}{z}x - \frac{aom}{2pz} + \frac{am}{2pz}\sqrt{o^2 + 4mp};$$

et ceci étant multiplié par $\dfrac{z}{a}\sqrt{o^2 + 4mp}$, qui est le côté droit de la figure, il vient

$$x\sqrt{o^2 + 4mp} - \frac{om}{2p}\sqrt{o^2 + 4mp} + \frac{mo^2}{2p} + 2m^2,$$

19

pour le rectangle, duquel il faut ôter un espace qui soit au carré de $N\,L$ comme le côté droit est au traversant, et ce carré de $N\,L$ est

$$\frac{a^2}{z^2}x^2 - \frac{a^2om}{pz^2}x + \frac{a^2m}{pz^2}x\sqrt{o^2+4mp} + \frac{a^2o^2m^2}{2p^2z^2} + \frac{a^2m^3}{pz^2}$$
$$-\frac{a^2om^2}{2p^2z^2}\sqrt{o^2+4mp},$$

qu'il faut diviser par a^2m et multiplier par pz^2, à cause que ces termes expliquent la proportion qui est entre le côté traversant et le droit, et il vient

$$\frac{p}{m}x^2 - ox + x\sqrt{o^2+4mp} + \frac{o^2m}{2p} - \frac{om}{2p}\sqrt{o^2+4mp} + m^2,$$

ce qu'il faut ôter du rectangle précédent, et on trouve

$$m^2 + ox - \frac{p}{m}x^2$$

pour le carré de $C\,L$, qui par conséquent est une ligne appliquée par ordre dans une ellipse, ou dans un cercle, au segment du diamètre $N\,L$.

Et si on veut expliquer toutes les quantités données par nombres, en faisant par exemple $E\,A = 3$, $A\,G = 5$, $A\,B = B\,R$, $B\,S = \frac{1}{2}B\,E$, $G\,B = B\,T$, $C\,D = \frac{3}{2}C\,R$, $C\,F = 2C\,S$, $C\,H = \frac{2}{3}C\,T$, et que l'angle $A\,B\,R$ soit de 60 degrés, et enfin que le rectangle des deux $C\,B$ et $C\,F$ soit égal au rectangle des deux autres $C\,D$ et $C\,H$; car il faut avoir toutes ces choses afin que la question soit entièrement déterminée ; et avec cela, supposant $A\,B = x$, et $C\,B = y$, on trouve par la façon ci-dessus expliquée.

$$y^2 = 2y - xy + 5x - x^2,$$
$$y = 1 - \frac{1}{2}x + \sqrt{1 + 4x - \frac{3}{4}x^2},$$

si bien que $B\,K$ doit être 1, $K\,L$ doit être la moitié de $K\,I$; et pourceque l'angle $I\,K\,L$ ou $A\,B\,R$ est de 60 degrés, et $K\,I\,L$ qui est la moitié de $K\,I\,B$ ou $I\,K\,L$, de 30, $I\,L\,K$ est droit. Et pourceque $I\,K$ ou $A\,B$ est nommée x, $K\,L$ est $\frac{1}{2}x$, et $I\,L$ est $x\sqrt{\frac{3}{4}}$, et la quantité qui étoit tantôt nommée z est 1, celle qui étoit a est $\sqrt{\frac{3}{4}}$, celle qui étoit m est 1, celle qui étoit o est 4, et celle qui étoit p est $\frac{3}{4}$, de façon qu'on a $\sqrt{\frac{16}{3}}$ pour $I\,M$, et $\sqrt{\frac{19}{3}}$ pour $N\,M$; et pourceque a^2m, qui est $\frac{3}{4}$, est ici égal à pz^2, et que l'angle $I\,L\,C$ est droit, on trouve que la ligne courbe $N\,C$ est un cercle. Et on peut facilement examiner tous les autres cas en même sorte.

Au reste, à cause que les équations qui ne montent que jusqu'au carré sont toutes comprises en ce que je viens d'expliquer, non seulement le problème des anciens en trois et quatre lignes est ici entièrement achevé, mais aussi tout ce qui appartient à ce qu'ils nommoient la composition des lieux solides, et par conséquent aussi à celle des lieux plans, à cause qu'ils sont compris dans les solides : car ces lieux ne sont autre chose, sinon que, lorsqu'il est question de trouver quelque point auquel il manque une condition pour être entièrement déterminé, ainsi qu'il arrive en cet exemple, tous les points d'une même ligne peuvent être pris pour celui qui est demandé : et si cette ligne est droite ou circulaire, on la nomme un lieu plan ; mais si c'est une parabole, ou une hyperbole, ou une ellipse, on la nomme un lieu solide : et toutefois et quantes que cela est, on peut venir à une équation qui contient deux quantités inconnues, et est pareille à quelqu'une de celles que je viens de résoudre. Que si la ligne qui détermine ainsi le point cherché est d'un degré plus composée que les sections coniques, on la peut nommer, en même façon, un lieu sursolide, et ainsi des autres. Et s'il manque deux conditions à la détermination de ce point, le lieu où il se trouve est une superficie, laquelle peut être tout de même ou plate, ou sphérique, ou plus composée. Mais le plus haut but qu'aient eu les anciens en cette matière a été de parvenir à la composition des lieux solides ; et il semble que tout ce qu'Apollonius a écrit des sections coniques n'a été qu'à dessein de la chercher.

De plus, on voit ici que ce que j'ai pris pour le premier genre des lignes courbes n'en peut comprendre aucunes autres que le cercle, la parabole, l'hyperbole et l'ellipse, qui est tout ce que j'avois entrepris de prouver.

Que si la question des anciens est proposée en cinq lignes qui soient toutes parallèles, il est évident que le point cherché sera toujours en une ligne droite ; mais si elle est proposée en cinq lignes, dont il y en ait quatre qui soient parallèles, et que la cinquième les coupe à angles droits, et même que toutes les lignes tirées du point cherché les rencontrent aussi à angles droits, et enfin que le parallélipipède composé de trois des lignes ainsi tirées sur trois de celles qui sont parallèles soit égal au parallélipipède composé des deux lignes tirées, l'une sur la quatrième de celles qui sont parallèles, et l'autre sur celle qui les coupe à angles droits, et d'une troisième ligne donnée, ce qui est, ce semble, le plus simple cas qu'on puisse imaginer après le précédent, le point cherché sera en la ligne courbe qui est décrite par le mouvement d'une parabole, en la façon ci-dessus expliquée.

Soient par exemple les lignes données AB, IH, ED, GF, et GA *(fig. 11)*, et qu'on demande le point C, en sorte que tirant CB, CF, CD, CH et CM à angles droits sur les données, le parallélipipède des trois CF, CD, CH soit égal à celui des deux autres CB et CM, et d'une troisième qui soit AI. Je pose $CB = y$, $CM = x$, AI ou AE ou $GE = a$; de façon que le point C étant entre les lignes AB et DE, j'ai $CF = 2a - y$, $CD = a - y$, et $CH = y + a$; et multipliant ces trois l'une par l'autre, j'ai $y^3 - 2ay^2 - a^2y + 2a^3$ égal au produit des trois autres, qui est axy. Après cela je considère la ligne courbe CEG, que j'imagine être décrite par l'intersection de la parabole CKN, qu'on fait mouvoir en telle sorte que son diamètre KL est toujours sur la ligne droite AB,

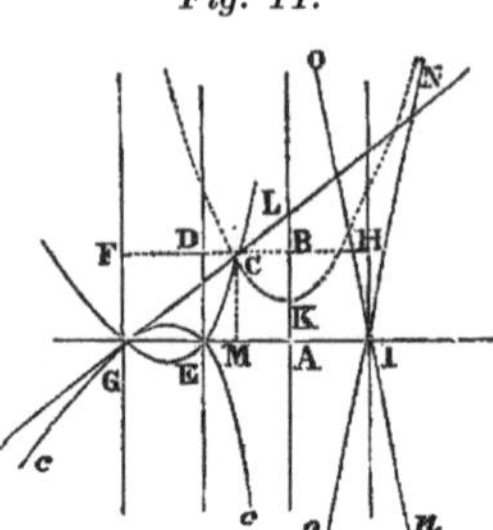

et de la règle $G\,L$ qui tourne cependant autour du point G en telle sorte qu'elle passe toujours dans le plan de cette parabole par le point L. Et je fais $K\,L = a$, et le côté droit principal, c'est-à-dire celui qui se rapporte à l'essieu de cette parabole, aussi égal à a, et $G\,A = 2a$, et $C\,B$ ou $M\,A = y$, et $C\,M$ ou $A\,B = x$. Puis à cause des triangles semblables $G\,M\,C$ et $C\,B\,L$, $G\,M$ qui est $2a - y$, est à $M\,C$ qui est x, comme $C\,B$ qui est y, est à $B\,L$ qui est par conséquent $\dfrac{xy}{2a - y}$.

Et pourceque $K\,L$ est a, $B\,K$ est $a - \dfrac{xy}{2a - y}$, ou bien $\dfrac{2a^2 - ay - xy}{2a - y}$. Et enfin pourceque ce même $B\,K$, étant un segment du diamètre de la parabole, est à $B\,C$ qui lui est appliquée par ordre, comme celle-ci est au côté droit qui est a, le calcul montre que $y^3 - 2ay^2 - a^2y + 2a^3$ est égal à axy; et par conséquent que le point C est celui qui étoit demandé. Et il peut être pris en tel endroit de la ligne $C\,E\,G$ qu'on veuille choisir, ou aussi en son adjointe $c\,E\,G\,c$, qui se décrit en même façon, excepté que le sommet de la parabole est tourné vers l'autre côté, ou enfin en leurs contreposées $N\,I\,o$, $n\,I\,O$, qui sont décrites par l'intersection que fait la ligne $G\,L$ en l'autre côté de la parabole $K\,N$.

Or encore que les parallèles données $A\,B$, $I\,H$, $E\,D$, et $G\,F$, ne fussent point également distantes, et que $G\,A$ ne les coupât point à angles droits, ni aussi les lignes tirées du point C vers elles, ce point C ne laisseroit pas de se trouver toujours en une ligne courbe qui seroit de même nature : et il s'y peut aussi trouver quelquefois, encore qu'aucune des lignes données ne soient parallèles. Mais si lorsqu'il y en a quatre ainsi parallèles, et une cinquième qui les traverse, et que le parallélipipède de trois des lignes tirées du point cherché, l'une sur cette cinquième, et les deux autres sur deux de celles qui sont parallèles, soit égal à celui des deux tirées sur les deux autres parallèles, et d'une autre ligne donnée : ce point cherché est en une ligne courbe d'une autre nature, à savoir en une qui est telle, que toutes les lignes droites appliquées par ordre à son diamètre étant égales à celles d'une section conique, les segments de ce diamètre qui sont entre le sommet et ces lignes ont même proportion à une certaine ligne donnée, que cette ligne donnée a aux segments du diamètre de la section conique, auxquels les pareilles lignes sont appliquées par ordre. Et je ne saurois véritablement dire que cette ligne soit moins simple que la précédente, laquelle j'ai cru toutefois devoir prendre pour la première, à cause que la description et le calcul en sont en quelque façon plus faciles.

Pour les lignes qui servent aux autres cas, je ne m'arrêterai point à les distinguer par espèces, car je n'ai pas entrepris de dire tout ; et, ayant expliqué la façon de trouver une infinité de points par où elles passent, je pense avoir assez donné le moyen de les décrire.

Même il est à propos de remarquer qu'il y a grande différence entre cette façon de trouver plusieurs points pour tracer une ligne courbe, et celle dont on se sert pour la spirale et ses semblables ; car par cette dernière on ne trouve pas indifféremment tous les points de la ligne qu'on cherche, mais seulement ceux qui peuvent être déterminés par quelque mesure plus simple que celle qui est requise pour la composer ; et ainsi, à proprement parler, on ne trouve pas un de ses points, c'est-à-dire pas un de ceux qui lui sont tellement propres qu'ils ne puissent être trouvés que par elle ; au lieu qu'il n'y a aucun point dans les lignes qui servent à la question proposée, qui ne se puisse rencontrer entre ceux qui se déterminent par la façon tantôt expliquée. Et pourceque cette façon de tracer une ligne courbe, en trouvant indifféremment plusieurs de ses points, ne s'étend qu'à celles qui peuvent aussi être décrites par un mouvement régulier et continu, on ne la doit pas entièrement rejeter de la géométrie.

Et on n'en doit pas rejeter non plus celle où on se sert d'un fil ou d'une corde repliée pour déterminer l'égalité ou la différence de deux ou plusieurs lignes droites qui peuvent être tirées de chaque point de la courbe qu'on cherche, à certains autres points, ou sur certaines autres lignes à certains angles, ainsi que nous avons fait en la Dioptrique pour expliquer l'ellipse et l'hyperbole ; car encore qu'on n'y puisse recevoir aucunes lignes qui semblent à des cordes, c'est-à-dire qui deviennent tantôt droites et tantôt courbes, à cause que la proportion qui est entre les droites et les courbes n'étant pas connue, et même, je crois, ne le pouvant être par les hommes, on ne pourroit rien conclure de là qui fût exact et assuré. Toutefois à cause qu'on ne se sert de cordes en ces constructions que pour déterminer des lignes droites dont on connoît parfaitement la longueur, cela ne doit point faire qu'on les rejette.

Or de cela seul qu'on sait le rapport qu'ont tous les points d'une ligne courbe à tous ceux d'une ligne droite, en la façon que j'ai expliquée, il est aisé de trouver aussi le rapport qu'ils ont à tous les autres points et lignes données ; et ensuite de connoître les diamètres, les essieux, les centres et autres lignes ou points à qui chaque ligne courbe aura quelque rapport plus particulier ou plus simple qu'aux autres ; et ainsi d'imaginer divers moyens pour les décrire, et d'en choisir les plus faciles ; et même on peut aussi, par cela seul, trouver quasi tout ce qui peut être déterminé touchant la grandeur de l'espace qu'elles comprennent, sans qu'il soit besoin que j'en donne plus d'ouverture. Et enfin pour ce qui est de toutes les autres propriétés qu'on peut attribuer aux lignes courbes, elles ne dépendent que de la grandeur des angles qu'elles font avec quelques autres lignes. Mais lorsqu'on peut tirer des lignes droites qui les coupent à angles droits, aux points où elles sont rencontrées par celles avec qui elles font les angles qu'on veut mesurer, ou, ce que je prends ici pour le même, qui coupent leurs contingentes, la grandeur de ces angles n'est pas plus malaisée à trouver que s'ils étoient compris entre deux lignes droites. C'est pourquoi je croirai avoir mis ici tout ce qui est requis pour les éléments des lignes courbes, lorsque j'aurai généralement donné la façon de tirer des lignes droites qui tombent à angles droits sur tels de leurs points qu'on voudra choisir. Et j'ose dire que c'est ceci le problème le plus utile et le plus général, non seulement que je sache, mais même que j'aie jamais désiré de savoir en géométrie.

Soit $C\,E$ *(fig. 12)* la ligne courbe, et qu'il faille tirer une ligne droite par le point C, qui fasse avec elle des angles droits. Je suppose la chose déjà faite,

Façon générale pour trouver des lignes droites, qui coupent les courbes données ou leurs contingentes, à angles droits.

Fig. 12.

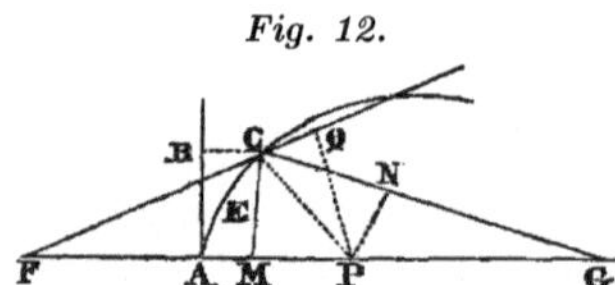

et que la ligne cherchée est $C\,P$, laquelle je prolonge jusqu'au point P, où elle rencontre la ligne droite $G\,A$, que je suppose être celle aux points de laquelle on rapporte tous ceux de la ligne $C\,E$; en sorte que faisant $M\,A$ on $C\,B = y$, et $C\,M$ ou $B\,A = x$, j'ai quelque équation qui explique le rapport qui est entre x et y; puis je fais $P\,C = s$, et $P\,A = v$, ou $P\,M = v - y$; et à cause du triangle rectangle $P\,M\,C$, j'ai s^2, qui est le carré de la base, égal à $x^2 + v^2 - 2vy + y^2$, qui sont les carrés des deux côtés; c'est-à-dire j'ai

$$x = \sqrt{s^2 - v^2 + 2vy - y^2},$$

ou bien

$$y = v + \sqrt{s^2 - x^2};$$

et par le moyen de cette équation, j'ôte de l'autre équation, qui m'explique le rapport qu'ont tous les points de la courbe $C\,E$ à ceux de la droite $G\,A$, l'une des deux quantités indéterminées x ou y; ce qui est aisé à faire en mettant partout

$$\sqrt{s^2 - v^2 + 2vy - y^2}$$

au lieu de x, et le carré de cette somme au lieu de x^2, et son cube au lieu de x^3, et ainsi des autres, si c'est x que je veuille ôter; ou bien si c'est y, en mettant en son lieu

$$v + \sqrt{s^2 - x^2},$$

et le carré ou le cube, etc., de cette somme au lieu de y^2 ou y^3, etc. De façon qu'il reste toujours après cela une équation en laquelle il n'y a plus qu'une seule quantité indéterminée x ou y. Comme si $C\,E$ est une ellipse, et que $M\,A$ soit le segment de son diamètre, auquel $C\,M$ soit appliquée par ordre, et qui ait r

24

pour son côté droit et q pour le traversant, on a, par le treizième théorème du premier livre d'Apollonius, $x^2 = ry - \dfrac{r}{q}y^2$, d'où ôtant x^2, il reste

$$s^2 - v^2 + 2vy - y^2 = ry - \frac{r}{q}y^2,$$

ou bien

$$y^2 + \frac{qry - 2qvy + qv^2 - qs^2}{q - r} = 0;$$

car il est mieux en cet endroit de considérer ainsi ensemble toute la somme que d'en faire une partie égale à l'autre.

Tout de même si $C\,E$ *(fig. 13)* est la ligne courbe décrite par le mouvement d'une parabole en la façon ci-dessus expliquée (page 13), et qu'on ait posé b

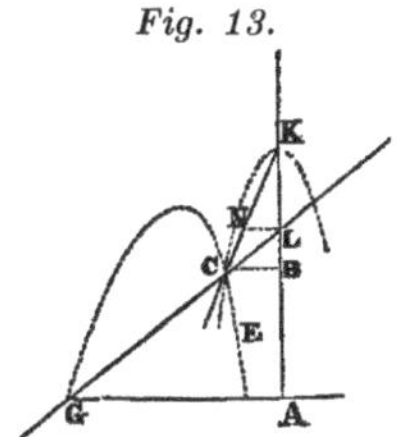

Fig. 13.

pour $G\,A$, c pour $K\,L$, et d pour le côté droit du diamètre $K\,L$ en la parabole, l'équation qui explique le rapport qui est entre x et y est

$$y^3 - by^2 - cdy + bcd + dxy = 0,$$

d'où ôtant x on a

$$y^3 - by^2 - cdy + bcd + dy\sqrt{s^2 - v^2 + 2vy - y^2} = 0;$$

et remettant en ordre ces termes par le moyen de la multiplication, il vient

$$y^6 - 2by^5 + (b^2 - 2cd + d^2)y^4 + (4bcd - 2d^2v)y^3$$
$$+ (c^2d^2 - d^2s^2 + d^2v^2 - 2b^2cd)y^2 - 2bc^2d^2y + b^2c^2d^2 = 0,$$

et ainsi des autres. Même, encore que les points de la ligne courbe ne se rapportassent pas en la façon que j'ai dit à ceux d'une ligne droite, mais en toute autre qu'on sauroit imaginer, on ne laisse pas de pouvoir toujours avoir une telle équation. Comme si $C\,E$ *(fig. 14)* est une ligne qui ait tel rapport aux trois points F, G et A, que les lignes droites tirées de chacun de ses points comme C jusques au point F, surpassent la ligne $F\,A$ d'une quantité qui ait certaine proportion donnée à une autre quantité dont $G\,A$ surpasse les lignes

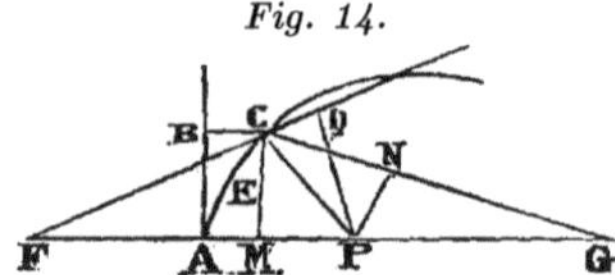

tirées des mêmes points jusques à G. Faisons $GA = b$, $AF = c$, et prenant à discrétion le point C dans la courbe, que la quantité dont CF surpasse FA, soit à celle dont GA surpasse GC, comme d à e; en sorte que si cette quantité qui est indéterminée se nomme z, CF est $c + z$, et GC est $b - \dfrac{e}{d}z$. Puis posant $MA = y$, GM est $b - y$, et FM est $c + y$, et à cause du triangle rectangle CMG, ôtant le carré de GM du carré de GC, on a le carré de CM, qui est

$$\frac{e^2}{d^2}z^2 - \frac{2be}{d}z + 2by - y^2\,;$$

puis ôtant le carré de FM du carré de CF, on a encore le carré de CM en d'autres termes, à savoir $z^2 + 2cz - 2cy - y^2$; et ces termes étant égaux aux précédents, ils font connoître y ou MA, qui est

$$\frac{d^2z^2 + 2cd^2z - e^2z^2 + 2bdez}{2bd^2 + 2cd^2}\,,$$

et substituant cette somme au lieu de y dans le carré de CM, on trouve qu'il s'exprime en ces termes :

$$\frac{bd^2z^2 + ce^2z^2 + 2bcd^2z - 2bcdez}{bd^2 + cd^2} - y^2.$$

Puis supposant que la ligne droite PC rencontre la courbe à angles droits au point C, et faisant $PC = s$ et $PA = v$ comme devant, PM est $v - y$; et à cause du triangle rectangle PCM, on a $s^2 - v^2 + 2vy - y^2$ pour le carré de CM, ou derechef, ayant au lieu de y substitué la somme qui lui est égale, il vient

$$z^2 + \frac{2bcd^2z - 2bcdez - 2cd^2vz - 2bdevz - bd^2s^2 + bd^2v^2 - cd^2s^2 + cd^2v^2}{bd^2 + ce^2 + e^2v - d^2v} = 0$$

pour l'équation que nous cherchions.

Or après qu'on a trouvé une telle équation, au lieu de s'en servir pour connoître les quantités x, ou y, ou z, qui sont déjà données, puisque le point C est donné, on la doit employer à trouver v ou s, qui déterminent le point P qui est demandé. Et à cet effet il faut considérer que si ce point P est tel qu'on le désire, le cercle dont il sera le centre, et qui passera par le point C, y touchera la ligne courbe CE sans la couper ; mais que si ce point P est tant soit peu plus proche ou plus éloigné du point A qu'il ne doit, ce cercle coupera la courbe, non seulement au point C, mais aussi nécessairement en quelque autre. Puis il faut aussi considérer que lorsque ce cercle coupe la ligne courbe $C\,E$, l'équation par laquelle on cherche la quantité x ou y, ou quelque autre semblable, en supposant $P\,A$ et $P\,C$ être connues, contient nécessairement deux racines qui sont inégales. Car par exemple, si ce cercle coupe la courbe aux points C et E *(fig. 15)*, ayant tiré $E\,Q$ parallèle à $C\,M$, les noms des quantités indéterminées x et y conviendront aussi bien aux lignes $E\,Q$ et $Q\,A$ qu'à $C\,M$ et $M\,A$; puis $P\,E$ est égale à $P\,C$ à cause du cercle, si bien que cherchant les lignes $E\,Q$ et $Q\,A$, par $P\,E$ et $P\,A$ qu'on suppose comme données, on aura la même équation que si on cherchoit

Fig. 15.

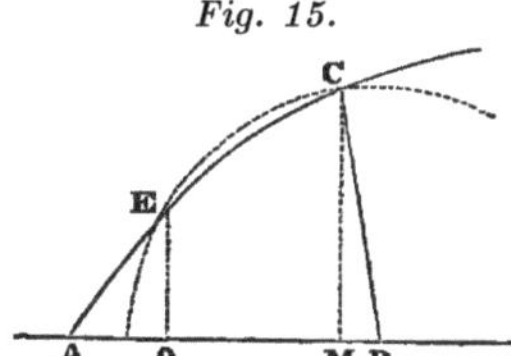

$C\,M$ et $M\,A$ par $P\,C$, $P\,A$; d'où il suit évidemment que la valeur de x ou de y, ou de telle autre quantité qu'on aura supposée, sera double en cette équation, c'est-à-dire qu'il y aura deux racines inégales entre elles, et dont l'une sera $C\,M$, l'autre $E\,Q$, si c'est x qu'on cherche, ou bien l'une sera $M\,A$ et l'autre $Q\,A$, si c'est y; et ainsi des autres. Il est vrai que si le point E ne se trouve pas du même côté de la courbe que le point C, il n'y aura que l'une de ces deux racines qui soit vraie, et l'autre sera renversée ou moindre que rien : mais plus ces deux points C et E sont proches l'un de l'autre, moins il y a de différence entre ces deux racines; et enfin elles sont entièrement égales, s'ils sont tous deux joints en un, c'est-à-dire si le cercle qui passe par C y touche la courbe $C\,E$ sans la couper.

De plus il faut considérer que lorsqu'il y a deux racines égales en une équation, elle a nécessairement la même forme que si on multiplie par soi-même la quantité qu'on y suppose être inconnue, moins la quantité connue qui lui est égale, et qu'après cela, si cette dernière somme n'a pas tant de dimensions que la précédente, on la multiplie par une autre somme qui en ait autant qu'il lui en manque, afin qu'il puisse y avoir séparément équation entre chacun des termes de l'une et chacun des termes de l'autre.

Comme par exemple, je dis que la première équation trouvée ci-dessus, à savoir

$$y^2 + \frac{qry - 2qvy + qv^2 - qs^2}{q - r},$$

doit avoir la même forme que celle qui se produit en faisant e égal à y, et multipliant $y - e$ par soi-même, d'où il vient $y^2 - 2ey + e^2$, en sorte qu'on peut comparer séparément chacun de leurs termes, et dire que puisque le premier qui est y^2, est tout le même en l'une qu'en l'autre, le second qui est en l'une

27

$\dfrac{qry - 2qvy}{q-r}$, est égal au second de l'autre qui est $-2ey$; d'où cherchant la quantité v qui est la ligne $P\,A$, on a $v = e - \dfrac{r}{q}e + \dfrac{1}{2}r$, ou bien à cause que nous avons supposé e égal à y, on a $v = y - \dfrac{r}{q}y + \dfrac{1}{2}r$. Et ainsi on pourroit trouver s par le troisième terme $e^2 = \dfrac{qv^2 - qs^2}{q-r}$; mais pourceque la quantité v détermine assez le point P, qui est le seul que nous cherchions, on n'a pas besoin de passer outre.

Tout de même la seconde équation trouvée ci-dessus, à savoir

$$y^6 - 2by^5 + (b^2 - 2cd + d^2)y^4 + (4bcd - 2d^2v)y^3$$
$$+ (c^2d^2 - 2b^2cd + d^2v^2 - d^2s^2)y^2 - 2bc^2d^2y + b^2c^2d^2,$$

doit avoir même forme que la somme qui se produit lorsqu'on multiplie

$$y^2 - 2ey + e^2 \quad \text{par} \quad y^4 + fy^3 + g^2y^2 + h^3y + k^4$$

qui est

$$y^6 + (f - 2e)y^5 + (g^2 - 2ef + e^2)y^4 + (h^3 - 2eg^2 + e^2f)y^3$$
$$+ (k^4 - 2eh^3 + e^2g^2)y^2 + (e^2h^3 - 2ek^4)y + e^2k^4 ;$$

de façon que de ces deux équations j'en tire six autres qui servent à connoître les six quantités f, g, h, k, v et s. D'où il est fort aisé à entendre que, de quelque genre que puisse être la ligne courbe proposée, il vient toujours par cette façon de procéder autant d'équations qu'on est obligé de supposer de quantités qui sont inconnues. Mais pour démêler par ordre ces équations, et trouver enfin la quantité v, qui est la seule dont on a besoin, et à l'occasion de laquelle on cherche les autres, il faut premièrement par le second terme chercher f, la première des quantités inconnues de la dernière somme, et on trouve

$$f = 2e - 2b.$$

Puis par le dernier, il faut chercher k, la dernière des quantités inconnues de la même somme, et on trouve

$$k^4 = \dfrac{b^2c^2d^2}{e^2}.$$

Puis par le troisième terme, il faut chercher g, la seconde quantité, et on a

$$g^2 = 3e^2 - 4be - 2cd + b^2 + d^2.$$

Puis par la pénultième, il faut chercher h, la pénultième quantité, qui est

$$h^3 = \dfrac{2b^2c^2d^2}{e^3} - \dfrac{2bc^2d^2}{e^2}.$$

Et ainsi il faudroit continuer suivant ce même ordre jusques à la dernière, s'il y en avoit d'avantage en cette somme ; car c'est chose qu'on peut toujours faire en même façon.

Puis, par le terme qui suit en ce même ordre, qui est ici le quatrième, il faut chercher la quantité v, et on a

$$v = \frac{2e^3}{d^2} - \frac{3be^2}{d^2} + \frac{b^2e}{d^2} - \frac{2ce}{d} + e + \frac{2bc}{d} + \frac{bc^2}{e^2} - \frac{b^2c^2}{e^3};$$

ou mettant y au lieu de e qui lui est égal, on a

$$v = \frac{2y^3}{d^2} - \frac{3by^2}{d^2} + \frac{b^2y}{d^2} - \frac{2cy}{d} + y + \frac{2bc}{d} + \frac{bc^2}{y^2} - \frac{b^2c^2}{y^3}$$

pour la ligne $A\,P$.

Et ainsi la troisième équation, qui est

$$z^2 + \frac{2bcd^2z - 2bcdez - 2cd^2vz - 2bdevz - bd^2s^2 + bd^2v^2 - cd^2s^2 + cd^2v^2}{bd^2 + ce^2 + e^2v - d^2v}$$

a la même forme que

$$z^2 - 2fz + f^2,$$

en supposant f égal à z, si bien qu'il y a derechef équation entre $-2f$ ou $-2z$, et

$$\frac{2bcd^2 - 2bcde - 2cd^2v - 2bdev}{bd^2 + ce^2 + e^2v - d^2v},$$

d'où on connoît que la quantité v est

$$\frac{bcd^2 - bcde + bd^2z + ce^2z}{cd^2 + bde - e^2z + d^2z}.$$

C'est pourquoi, composant la ligne $A\,P$ *(fig. 16)* de cette somme égale à v, dont toutes les quantités sont connues, et tirant du point P ainsi trouvé, une

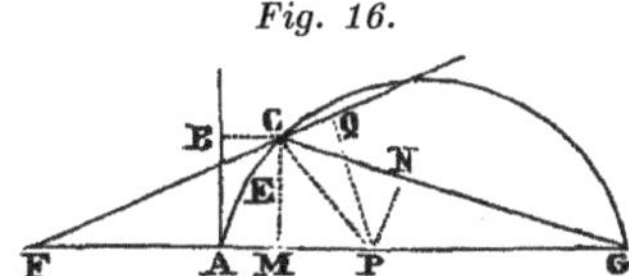

Fig. 16.

ligne droite vers C, elle y coupe la courbe $C\,E$ à angles droits ; qui est ce qu'il falloit faire. Et je ne vois rien qui empêche qu'on n'étende ce problème en même façon à toutes les lignes courbes qui tombent sous quelque calcul géométrique.

Même il est à remarquer, touchant la dernière somme, qu'on prend à discrétion pour remplir le nombre des dimensions de l'autre somme lorsqu'il y en

manque, comme nous avons pris tantôt $y^4 + fy^3 + g^2y^2 + h^3y + k^4$, que les signes
$+$ et $-$ y peuvent être supposés tels qu'on veut, sans que la ligne v ou AP se
trouve diverse pour cela, comme vous pourrez aisément voir par expérience ; car
s'il falloit que je m'arrêtasse à démontrer tous les théorèmes dont je fais quelque
mention, je serois contraint d'écrire un volume beaucoup plus gros que je ne
désire. Mais je veux bien en passant vous avertir que l'invention de supposer
deux équations de même forme, pour comparer séparément tous les termes de
l'une à ceux de l'autre, et ainsi en faire naître plusieurs d'une seule, dont vous
avez vu ici un exemple, peut servir à une infinité d'autres problèmes, et n'est
pas l'une des moindres de la méthode dont je me sers.

Je n'ajoute point les constructions par lesquelles on peut décrire les contingentes ou les perpendiculaires cherchées, ensuite du calcul que je viens d'expliquer, à cause qu'il est toujours aisé de les trouver, bien que souvent on ait
besoin d'un peu d'adresse pour les rendre courtes et simples.

Comme par exemple, si DC *(fig. 17)* est la première conchoïde des anciens,

Fig. 17.

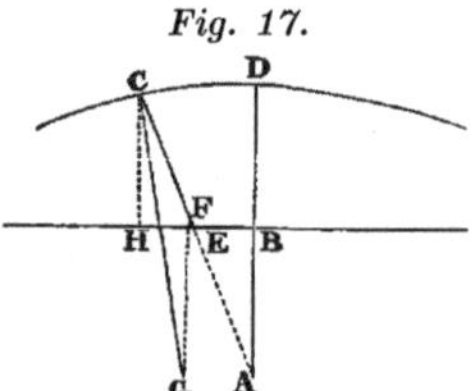

dont A soit le pôle et BH la règle, en sorte que toutes les lignes droites qui
regardent vers A, et sont comprises entre la courbe CD et la droite BH, comme
DB et CE, soient égales, et qu'on veuille trouver la ligne CG qui la coupe au
point C à angles droits, on pourroit, en cherchant dans la ligne BH le point par
où cette ligne CG doit passer, selon la méthode ici expliquée, s'engager dans un
calcul autant ou plus long qu'aucun des précédents : et toutefois la construction
qui devroit après en être déduite est fort simple ; car il ne faut que prendre CF
en la ligne droite CA, et la faire égale à CH qui est perpendiculaire sur HB ;
puis du point F tirer FG parallèle à BA et égale à EA ; au moyen de quoi on
a le point G, par lequel doit passer CG la ligne cherchée.

Au reste, afin que vous sachiez que la considération des lignes courbes ici
proposée n'est pas sans usage, et qu'elles ont diverses propriétés qui ne cèdent
en rien à celles des sections coniques, je veux encore ajouter ici l'explication de
certaines ovales que vous verrez être très utiles pour la théorie de la catoptrique
et de la dioptrique. Voici la façon dont je les décris :

Premièrement, ayant tiré les lignes droites FA et AR *(fig. 18)*, qui s'entre-
coupent au point A, sans qu'il importe à quels angles, je prends en l'une le point
F à discrétion, c'est-à-dire plus ou moins éloigné du point A, selon que je veux
faire ces ovales plus ou moins grandes, et de ce point F, comme centre, je décris

un cercle qui passe quelque peu au-delà du point A, comme par le point 5 ; puis de ce point 5 je tire la ligne droite 5 6, qui coupe l'autre au point 6, en sorte que A 6 soit moindre que A 5 selon telle proportion donnée qu'on veut, à savoir

Fig. 18.

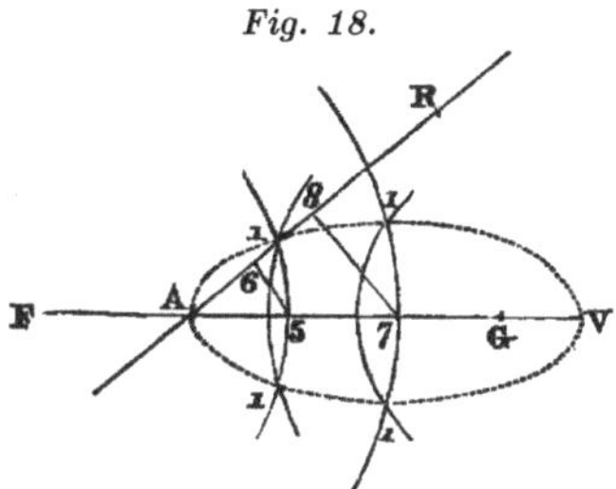

selon celle qui mesure les réfractions si on s'en veut servir pour la dioptrique. Après cela je prends aussi le point G en la ligne F A du côté où est le point 5, à discrétion, c'est-à-dire en faisant que les lignes A F et G A ont entre elles telle proportion donnée qu'on veut. Puis je fais R A égale à G A en la ligne A 6, et du centre G décrivant un cercle dont le rayon soit égal à R 6, il coupe l'autre cercle de part et d'autre au point 1, qui est l'un de ceux par où doit passer la première des ovales cherchées. Puis derechef du centre F je décris un cercle qui passe un peu au-deçà ou au-delà du point 5, comme par le point 7, et ayant tiré la ligne droite 7 8 parallèle à 5 6, du centre G je décris un autre cercle dont le rayon est égal à la ligne R 8, et ce cercle coupe celui qui passe par le point 7 au point 1, qui est encore l'un de ceux de la même ovale ; et ainsi on en peut trouver autant d'autres qu'on voudra, en tirant derechef d'autres lignes parallèles à 7 8, et d'autres cercles des centres F et G.

Pour la seconde ovale il n'y a point de différence, sinon qu'au lieu de A R (fig. 19) il faut de l'autre côté du point A prendre A S égal à A G, et que le rayon du cercle décrit du centre G, pour couper celui qui est décrit du centre F et qui passe par le point 5, soit égal à la ligne S 6, ou qu'il soit égal à S 8, si c'est pour couper celui qui passe par le point 7, et ainsi des autres ; au moyen de quoi ces cercles s'entre-coupent aux points marqués 2, 2, qui sont ceux de cette seconde ovale A 2 X.

Pour la troisième et la quatrième, au lieu de la ligne A G il faut prendre A H (fig. 21 et 22) de l'autre côté du point A, à savoir du même qu'est le point F ; et il y a ici de plus à observer que cette ligne A H doit être plus grande que A F, laquelle peut même être nulle, en sorte que le point F se rencontre où est le point A en la description de toutes ces ovales. Après cela les lignes A R et A S étant égales à A H, pour décrire la troisième ovale A 3 Y, je fais un cercle du centre H, dont le rayon est égal à S 6, qui coupe au point 3 celui du centre F, qui passe par le point 5 ; et un autre dont le rayon est égal à S 8, qui coupe celui qui passe par le point 7 au point aussi marqué 3, et ainsi des autres. Enfin, pour

31

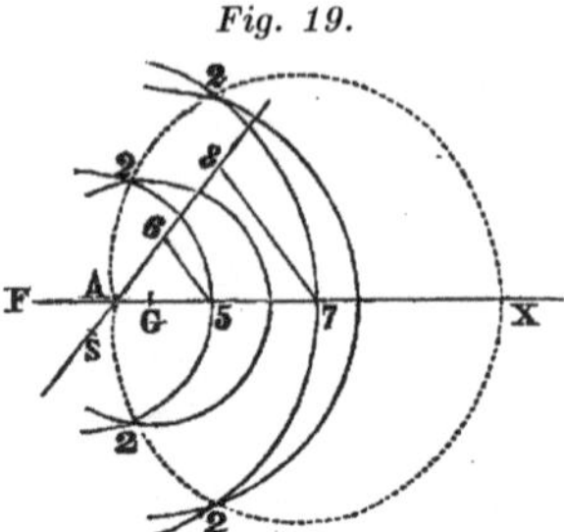

Fig. 19.

la dernière ovale, je fais des cercles du centre H, dont les rayons sont égaux aux lignes $R\,6$, $R\,8$, et semblables, qui coupent les autres cercles aux points marqués 4.

On pourroit encore trouver une infinité d'autres moyens pour décrire ces mêmes ovales ; comme par exemple, on peut tracer la première $A\,V$ *(fig. 20)*, lorsqu'on suppose les lignes $F\,A$ et $A\,G$ être égales, si on divise la toute $F\,G$ au

Fig. 20.

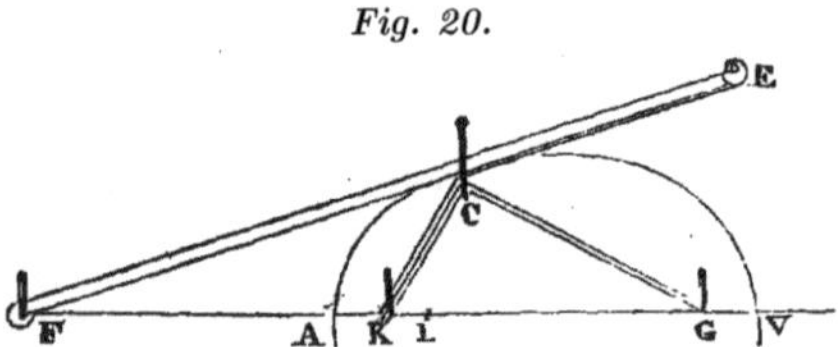

point L, en sorte que $F\,L$ soit à $L\,G$ comme $A\,5$ à $A\,6$, c'est-à-dire qu'elles aient la proportion qui mesure les réfractions. Puis ayant divisé $A\,L$ en deux parties égales au point K, qu'on fasse tourner une règle comme $E\,F$ autour du point F, en pressant du doigt C la corde $E\,C$, qui étant attachée au bout de cette règle vers E, se replie de C vers K, puis de K derechef vers C, et de C vers G, où son autre bout soit attaché, en sorte que la longueur de cette corde soit composée de celle des lignes $G\,A$, plus $A\,L$, plus $F\,E$, moins $A\,F$; et ce sera le mouvement du point C qui décrira cette ovale, à l'imitation de ce qui a été dit en la dioptrique de l'ellipse et de l'hyperbole ; mais je ne veux point m'arrêter plus long-temps sur ce sujet.

Or, encore que toutes ces ovales semblent être quasi de même nature, elles sont néanmoins de quatre divers genres, chacun desquels contient sous soi une infinité d'autres genres, qui derechef contiennent chacun autant de diverses espèces que fait le genre des ellipses ou celui des hyperboles ; car selon que la proportion

32

qui est entre les lignes $A\,5$, $A\,6$, ou semblables, est différente, le genre subalterne de ces ovales est différent ; puis selon que la proportion qui est entre les lignes $A\,F$ et $A\,G$ ou $A\,H$ est changée, les ovales de chaque genre subalterne changent d'espèce ; et selon que $A\,G$ ou $A\,H$ est plus ou moins grande, elles sont diverses en grandeur ; et si les lignes $A\,5$ et $A\,6$ sont égales, au lieu des ovales du premier genre ou du troisième, on ne décrit que des lignes droites ; mais au lieu de celles du second on a toutes les hyperboles possibles, et au lieu de celles du dernier toutes les ellipses.

Outre cela, en chacune de ces ovales il faut considérer deux parties qui ont Les propriétés de
ces ovales
touchant les
réflexions et les
réfractions. diverses propriétés : à savoir en la première, la partie qui est vers A *(fig. 18)*, fait que les rayons qui étant dans l'air viennent du point F, se retournent tous vers le point G, lorsqu'ils rencontrent la superficie convexe d'un verre dont la superficie est $1\,A\,1$, et dans lequel les réfractions se font telles que, suivant ce qui a été dit en la Dioptrique, elles peuvent toutes être mesurées par la proportion qui est entre les lignes $A\,5$ et $A\,6$ ou semblables, par l'aide desquelles on a décrit cette ovale.

Mais la partie qui est vers V fait que les rayons qui viennent du point G se réfléchiroient tous vers F, s'ils y rencontroient la superficie concave d'un miroir dont la figure fût $1\,V\,1$, et qui fût de telle matière qu'il diminuât la force de ces rayons selon la proportion qui est entre les lignes $A\,5$ et $A\,6$; car de ce qui a été démontré en la Dioptrique, il est évident que, cela posé, les angles de la réflexion seroient inégaux, aussi bien que sont ceux de la réfraction, et pourroient être mesurés en même sorte.

En la seconde ovale la partie $2\,A\,2$ *(fig. 19)* sert encore pour les réflexions dont on suppose les angles être inégaux ; car étant en la superficie d'un miroir composé de même matière que le précédent, elle feroit tellement réfléchir tous les rayons qui viendroient du point G, qu'ils sembleroient après être réfléchis venir du point F. Et il est à remarquer qu'ayant fait la ligne $A\,G$ beaucoup plus grande que $A\,F$, ce miroir seroit convexe au milieu vers A, et concave aux extrémités ; car telle est la figure de cette ligne, qui en cela représente plutôt un cœur qu'une ovale.

Mais son autre partie $X\,2$ sert pour les réfractions, et fait que les rayons qui étant dans l'air tendent vers F, se détournent vers G en traversant la superficie d'un verre qui en ait la figure.

La troisième ovale sert toute aux réfractions, et fait que les rayons qui étant dans l'air tendent vers F *(fig. 21)*, se vont rendre vers H dans le verre, après qu'ils ont traversé sa superficie dont la figure est $A\,3\,Y\,3$, qui est convexe partout, excepté vers A où elle est un peu concave, en sorte qu'elle a la figure d'un cœur aussi bien que la précédente ; et la différence qui est entre les deux parties de cette ovale consiste en ce que le point F est plus proche de l'une que n'est le point H, et qu'il est plus éloigné de l'autre que ce même point H.

En même façon la dernière ovale sert toute aux réflexions, et fait que si les rayons qui viennent du point H *(fig. 22)* rencontroient la superficie concave d'un miroir de même matière que les précédents, et dont la figure fût $A\,4\,Z\,4$, ils se réfléchiroient tous vers F.

De façon qu'on peut nommer les points F et G ou H les points brûlants de

33

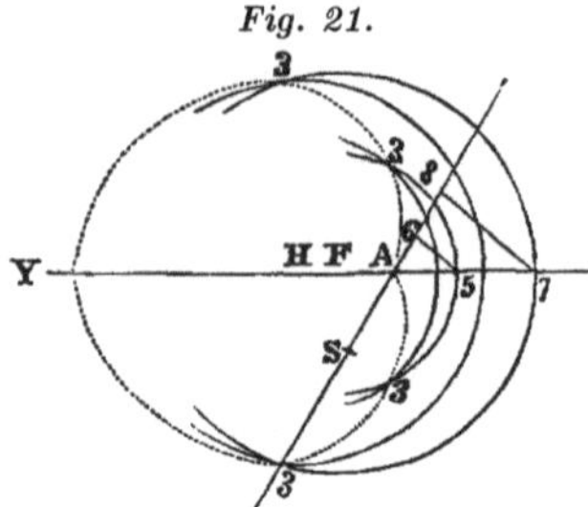

Fig. 21.

ces ovales, à l'exemple de ceux des ellipses et des hyperboles, qui ont été ainsi nommés en la Dioptrique.

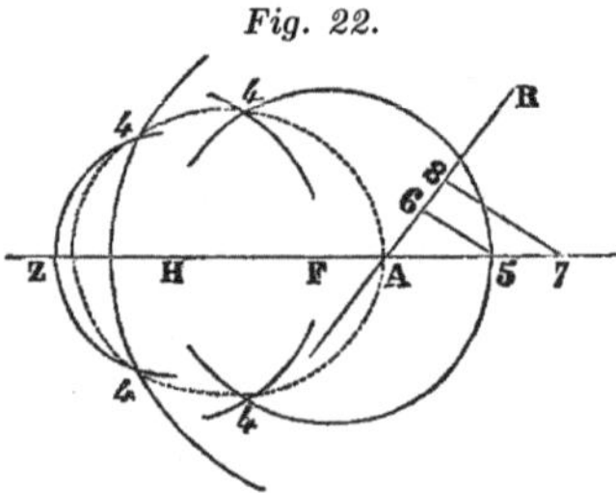

Fig. 22.

J'omets quantité d'autres réfractions et réflexions qui sont réglées par ces mêmes ovales, car n'étant que les converses ou les contraires de celles-ci, elles en peuvent facilement être déduites. Mais il ne faut pas que j'omette la démonstration de ce que j'ai dit ; et à cet effet prenons, par exemple, le point C *(fig. 16)* à discrétion en la première partie de la première de ces ovales ; puis tirons la ligne droite $C\,P$ qui coupe la courbe au point C à angles droits, ce qui est facile par le problème précédent ; car prenant b pour $A\,G$, c pour $A\,F$, $c + z$ pour $C\,F$, et supposant que la proportion qui est entre d et e, que je prendrai ici toujours pour celle qui mesure les réfractions du verre proposé, désigne aussi celle qui est entre les lignes $A\,5$ et $A\,6$ ou semblables, qui ont servi pour décrire cette ovale, ce qui donne $b - \dfrac{e}{d}z$ pour $C\,G$, on trouve que la ligne $A\,P$ est

$$\frac{bcd^2 - bcde + bd^2z + ce^2z}{cd^2 + bde - e^2z + d^2z},$$

ainsi qu'il a été montré ci-dessus (p. 29). De plus, du point P ayant tiré $P\,Q$ à

Démonstration
des propriétés de
ces ovales
touchant les
réflexions et
réfractions.

34

angles droits sur la droite CF, et PN aussi à angles droits sur CG, considérons que si PQ est à PN comme d est à e, c'est-à-dire comme les lignes qui mesurent les réfractions du verre convexe AC, le rayon qui vient du point F au point C, doit tellement s'y courber en entrant dans ce verre, qu'il s'aille rendre après vers G, ainsi qu'il est très évident de ce qui a été dit en la Dioptrique. Puis enfin voyons par le calcul s'il est vrai que PQ soit à PN comme d est à e. Les triangles rectangles PQF et CMF sont semblables; d'où il suit que CF est à CM comme FP est à PQ, et par conséquent que PF étant multipliée par CM et divisée par CF est égale à PQ. Tout de même les triangles rectangles PNG et CMG sont semblables; d'où il suit que GP multipliée par CM et divisée par CG est égale à PN. Puis à cause que les multiplications ou divisions qui se font de deux quantités par une même ne changent point la proportion qui est entre elles, si PF multipliée par CM et divisée par CF, est à GP multipliée aussi par CM et divisée par CG, comme d est à e, en divisant l'une et l'autre de ces deux sommes par CM, puis les multipliant toutes deux par CF et derechef par CG, il reste EP multipliée par CG qui doit être à GP multipliée par CF, comme d est à e. Or par la construction FP est

$$c + \frac{bcd^2 - bcde + bd^2z + ce^2z}{cd^2 + bde - e^2z + d^2z},$$

ou bien

$$FP = \frac{bcd^2 + c^2d^2 + bd^2z + cd^2z}{cd^2 + bde - e^2z + d^2z},$$

et CG est $b - \dfrac{e}{d}z$; si bien que, multipliant FP par CG, il vient

$$\frac{b^2cd^2 + bc^2d^2 + b^2d^2z + bcd^2z - bcdez - c^2dez - bdez^2 - cdez^2}{cd^2 + bde - e^2z + d^2z},$$

puis GP est

$$b - \frac{bcd^2 - bcde + bd^2z + ce^2z}{cd^2 + bde - e^2z + d^2z},$$

ou bien

$$GP = \frac{b^2de + bcde - be^2z - ce^2z}{cd^2 + bde - e^2z + d^2z},$$

et CF est $c + z$; si bien qu'en multipliant GP par CF il vient

$$\frac{b^2cde + bc^2de + b^2dez + bcdez - bce^2z - c^2e^2z - be^2z^2 - ce^2z^2}{cd^2 + bde - e^2z + d^2z}.$$

Et pourceque la première de ces sommes divisée par d est la même que la seconde divisée par e, il est manifeste que FP multipliée par CG, est à GP multipliée par CF, c'est-à-dire que PQ est à PN comme d est à e, qui est tout ce qu'il falloit démontrer.

Et sachez que cette même démonstration s'étend à tout ce qui a été dit des autres réfractions ou réflexions qui se font dans les ovales proposées, sans qu'il

y faille changer aucune chose que les signes $+$ et $-$ du calcul; c'est pourquoi
chacun les peut aisément examiner de soi-même, sans qu'il soit besoin que je
m'y arrête.

Mais il faut maintenant que je satisfasse à ce que j'ai omis en la Dioptrique,
lorsqu'après avoir remarqué qu'il peut y avoir des verres de plusieurs diverses
figures qui fassent aussi bien l'un que l'autre que les rayons venant d'un même
point de l'objet s'assemblent tous en un autre point après les avoir traversés;
et qu'entre ces verres, ceux qui sont fort convexes d'un côté et concaves de
l'autre ont plus de force pour brûler que ceux qui sont également convexes des
deux côtés; au lieu que tout au contraire ces derniers sont les meilleurs pour
les lunettes. Je me suis contenté d'expliquer ceux que j'ai cru être les meilleurs
pour la pratique, en supposant la difficulté que les artisans peuvent avoir à les
tailler. C'est pourquoi, afin qu'il ne reste rien à souhaiter touchant la théorie
de cette science, je dois expliquer encore ici la figure des verres qui, ayant l'une
de leurs superficies autant convexe ou concave qu'on voudra, ne laissent pas de
faire que tous les rayons qui viennent vers eux d'un même point, ou parallèles,
s'assemblent après en un même point; et celles des verres qui font le semblable,
étant également convexes des deux côtés, ou bien la convexité de l'une de leurs
superficies ayant la proportion donnée à celle de l'autre.

Posons pour le premier cas, que les points G, Y, C et F *(fig. 23 et 24)* étant
donnés, les rayons qui viennent du point G ou bien qui sont parallèles à $G\,A$ se
doivent assembler au point F, après avoir traversé un verre si concave, que Y
étant le milieu de sa superficie intérieure; l'extrémité en soit au point C, en sorte
que la corde $C\,M\,C$ et la flèche $Y\,M$ de l'arc $C\,Y\,C$ sont données. La question
va là, que premièrement il faut considérer de laquelle des ovales expliquées la

Comment on peut
faire un verre
autant convexe ou
concave, en l'une
de ses superficies,
qu'on voudra qui
rassemble à un
point donné tous
les rayons qui
viennent d'un
autre point donné.

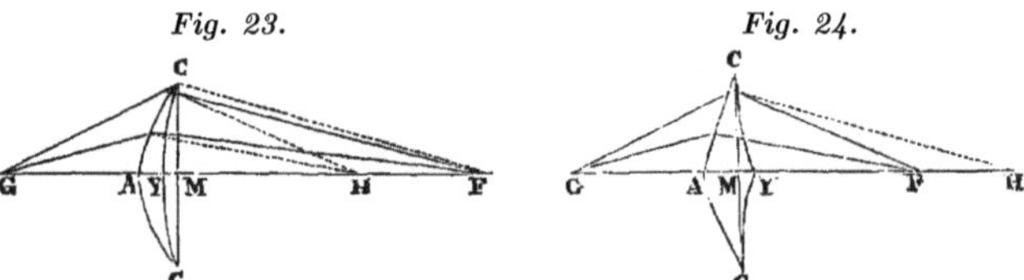

Fig. 23.   *Fig. 24.*

superficie du verre $Y\,C$ doit avoir la figure, pour faire que tous les rayons qui
étant dedans tendent vers un même point, comme vers H, qui n'est pas encore
connu, s'aillent rendre vers un autre, à savoir vers F, après en être sortis. Car
il n'y a aucun effet touchant le rapport des rayons, changé par réflexion ou
réfraction d'un point à un autre, qui ne puisse être causé par quelqu'une de ces
ovales; et on voit aisément que celui-ci le peut être par la partie de la troisième
ovale qui a tantôt été marquée $3\,A\,3$ *(fig. 21)*, ou par celle de la même qui a
été marquée $3\,Y\,3$, ou enfin par la partie de la seconde qui a été marquée $2\,X\,2$
(fig. 19). Et pourceque ces trois tombent ici sous même calcul, on doit, tant
pour l'une que pour l'autre, prendre Y *(fig. 23 et 24)* pour leur sommet, C pour
l'un des points de leur circonférence, et F pour l'un de leurs points brûlants;

36

après quoi il ne reste plus à chercher que le point H qui doit être l'autre point brûlant. Et on le trouve en considérant que la différence qui est entre les lignes FY et FC doit être à celle qui est entre les lignes HY et HC comme d est à e, c'est-à-dire comme la plus grande des lignes qui mesurent les réfractions du verre proposé est à la moindre, ainsi qu'on peut voir manifestement de la description de ces ovales. Et pourceque les lignes FY et FC sont données, leur différence l'est aussi, et ensuite celle qui est entre HY et HC, pourceque la proportion qui est entre ces deux différences est donnée. Et de plus, à cause que YM est donnée, la différence qui est entre MH et HC l'est aussi ; et enfin pourceque CM est donnée, il ne reste plus qu'à trouver MH le côté du triangle rectangle CMH dont on a l'autre côté CM, et on a aussi la différence qui est entre CH la base et MH le côté demandé ; d'où il est aisé de le trouver : car si on prend k pour l'excès de CH sur MH, et n pour la longueur de la ligne CM, on aura $\dfrac{n^2}{2k} - \dfrac{1}{2}k$ pour MH. Et après avoir ainsi le point H, s'il se trouve plus loin du point Y *(fig. 24)* que n'en est le point F, la ligne CY doit être la première partie de l'ovale du troisième genre, qui a tantôt été nommée 3 A 3 *(fig. 21)*. Mais si HY *(fig. 23)* est moindre que FY : ou bien elle surpasse HF de tant, que leur différence est plus grande à raison de la toute FY que n'est e la moindre des lignes qui mesurent les réfractions comparée avec d la plus grande, c'est-à-dire que faisant $HF = c$, et $HY = c + h$, dh est plus grande que $2ce + eh$, et lors CY doit être la seconde partie de la même ovale du troisième genre, qui a tantôt été nommée 3 Y 3 *(fig. 21)* : ou bien dh est égale ou moindre que $2ce + eh$, et lors CY *(fig. 23)* doit être la seconde partie de l'ovale du second genre, qui a ci-dessus été nommée 2 X 2 *(fig. 19)* : et enfin si le point H *(fig. 23)* est le même que le point F, ce qui n'arrive que lorsque FY et FC sont égales, cette ligne YC est un cercle.

Après cela il faut chercher CAC l'autre superficie de ce verre, qui doit être une ellipse dont H soit le point brûlant, si on suppose que les rayons qui tombent dessus soient parallèles ; et lors il est aisé de la trouver. Mais si on suppose qu'ils viennent du point G, ce doit être la première partie d'une ovale du premier genre dont les deux points brûlants soient G et H, et qui passe par le point C ; d'où on trouve le point A pour le sommet de cette ovale, en considérant que GC doit être plus grande que GA d'une quantité qui soit à celle dont HA surpasse HC, comme d à e ; car ayant pris k pour la différence qui est entre CH et HM, si on suppose x pour AM, on aura $x - k$ pour la différence qui est entre AH et CH ; puis si on prend g pour celle qui est entre GC et GM qui sont données, on aura $g + x$ pour celle qui est entre GC et GA ; et pourceque cette dernière $g + x$ est à l'autre $x - k$ comme d est à e, on a

$$ge + ex = dx - dk,$$

ou bien $\dfrac{ge + dk}{d - e}$ pour la ligne x ou AM, par laquelle on détermine le point A qui étoit cherché.

Posons maintenant pour l'autre cas, qu'on ne donne que les points G, C et F *(fig. 24)*, avec la proportion qui est entre les lignes AM et YM, et qu'il faille trouver la figure du verre $A\,C\,Y$ qui fasse que tous les rayons qui viennent du point G s'assemblent au point F.

On peut derechef ici se servir de deux ovales dont l'une $A\,C$ ait G et H pour ses points brûlants, et l'autre $C\,Y$ ait F et H pour les siens. Et pour les trouver, premièrement, supposant le point H, qui est commun à toutes deux, être connu, je cherche $A\,M$ par les trois points G, C, H, en la façon tout maintenant expliquée, à savoir, prenant k pour la différence qui est entre $C\,H$ et $H\,M$, et g pour celle qui est entre $G\,C$ et $G\,M$, et $A\,C$ étant la première partie de l'ovale du premier genre, j'ai $\dfrac{ge + dk}{d - e}$ pour $A\,M$; puis je cherche aussi $M\,Y$ par les trois points F, C, H, en sorte que $C\,Y$ soit la première partie d'une ovale du troisième genre; et prenant y pour $M\,Y$, et f pour la différence qui est entre $C\,F$ et $F\,M$, j'ai $f + y$ pour celle qui est entre $C\,F$ et $F\,Y$; puis ayant déjà k pour celle qui est entre $C\,H$ et $H\,M$, j'ai $k + y$ pour celle qui est entre $C\,H$ et $H\,Y$, que je sais devoir être à $f + y$ comme e est à d, à cause de l'ovale du troisième genre, d'où je trouve que y ou $M\,Y$ est $\dfrac{fe - dk}{d - e}$; puis joignant ensemble les deux quantités trouvées pour $A\,M$ et $M\,Y$, je trouve $\dfrac{ge + fe}{d - e}$ pour la toute $A\,Y$: d'où il suit que, de quelque côté que soit supposé le point H, cette ligne $A\,Y$ est toujours composée d'une quantité qui est à celle dont les deux ensemble GC et $C\,F$ surpassent la toute $G\,F$, comme e, la moindre des deux lignes qui servent à mesurer les réfractions du verre proposé, est à $d - e$ la différence qui est entre ces deux lignes, ce qui est un assez beau théorème. Or, ayant ainsi la toute $A\,Y$, il la faut couper selon la proportion que doivent avoir ses parties $A\,M$ et $M\,Y$; au moyen de quoi, pourceeu'on a déjà le point M, on trouve aussi les points A et Y, et ensuite le point H par le problème précédent. Mais auparavant il faut regarder si la ligne $A\,M$ ainsi trouvée est plus grande que $\dfrac{ge}{d - e}$, ou plus petite, ou égale. Car si elle est plus grande, on apprend de là que la courbe $A\,C$ doit être la première partie d'une ovale du premier genre, et $C\,Y$ la première d'une du troisième, ainsi qu'elles ont été ici supposées; au lieu que si elle est plus petite, cela montre que c'est $C\,Y$ qui doit être la première partie d'une ovale du premier genre, et que $A\,C$ doit être la première d'une du troisième; enfin si $A\,M$ est égale à $\dfrac{ge}{d - e}$, les deux courbes $A\,C$ et $C\,Y$ doivent être deux hyperboles.

On pourroit étendre ces deux problèmes à une infinité d'autres cas que je ne m'arrête pas à déduire, à cause qu'ils n'ont eu aucun usage en la dioptrique.

On pourroit aussi passer outre et dire (lorsque l'une des superficies du verre est donnée, pourvu qu'elle ne soit que toute plate, ou composée de sections coniques ou de cercles) comment on doit faire son autre superficie, afin qu'il transmette tous les rayons d'un point donné à un autre point aussi donné; car ce n'est rien de plus difficile que ce que je viens d'expliquer, ou plutôt c'est chose beaucoup plus facile à cause que le chemin en est ouvert. Mais j'aime mieux que d'autres le cherchent, afin que s'ils ont encore un peu de peine à le trouver, cela leur fasse d'autant plus estimer l'invention des choses qui sont ici démontrées.

Au reste je n'ai parlé en tout ceci que des lignes courbes qu'on peut décrire sur une superficie plate ; mais il est aisé de rapporter ce que j'en ai dit à toutes celles qu'on sauroit imaginer être formées par le mouvement régulier des points de quelque corps dans un espace qui a trois dimensions : à savoir, en tirant deux perpendiculaires de chacun des points de la ligne courbe qu'on veut considérer, sur deux plans qui s'entre-coupent à angles droits, l'une sur l'un et l'autre sur l'autre ; car les extrémités de ces perpendiculaires décrivent deux autres lignes courbes, une sur chacun de ces plans, desquelles on peut en la façon ci-dessus expliquée déterminer tous les points et les rapporter à ceux de la ligne droite qui est commune à ces deux plans, au moyen de quoi ceux de la courbe qui a trois dimensions sont entièrement déterminés. Même si on veut tirer une ligne droite qui coupe cette courbe au point donné à angles droits, il faut seulement tirer deux autres lignes droites dans les deux plans, une en chacun, qui coupent à angles droits les deux lignes courbes qui y sont aux deux points où tombent les perpendiculaires qui viennent de ce point donné ; car ayant élevé deux autres plans, un sur chacune de ces lignes droites, qui coupe à angles droits le plan où elle est, on aura l'intersection de ces deux plans pour la ligne droite cherchée. Et ainsi je pense n'avoir rien omis des éléments qui sont nécessaires pour la connoissance des lignes courbes.

Comment on peut appliquer ce qui a été dit ici des lignes courbes, décrites sur une superficie plate, à celles qui se décrivent dans un espace qui a trois dimensions.

LIVRE TROISIÈME

DE LA CONSTRUCTION DES PROBLÈMES QUI SONT SOLIDES OU PLUS QUE SOLIDES.

Encore que toutes les lignes courbes qui peuvent être décrites par quelque mouvement régulier doivent être reçues en la géométrie, ce n'est pas à dire qu'il soit permis de se servir indifféremment de la première qui se rencontre pour la construction de chaque problème, mais il faut avoir soin de choisir toujours la plus simple par laquelle il soit possible de le résoudre. Et même il est à remarquer que par les plus simples on ne doit pas seulement entendre celles qui peuvent le plus aisément être décrites, ni celles qui rendent la construction ou la démonstration du problème proposé plus facile, mais principalement celles qui sont du plus simple genre qui puisse servir à déterminer la quantité qui est cherchée.

Comme, par exemple, je ne crois pas qu'il y ait aucune façon plus facile pour

De quelles lignes courbes on peut se servir en la construction de chaque problème.

Exemple touchant l'invention de plusieurs moyennes proportionnelles.

Fig. 25.

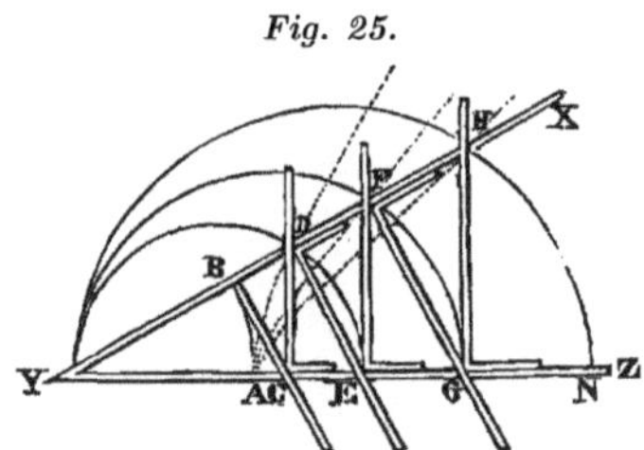

trouver autant de moyennes proportionnelles qu'on veut, ni dont la démonstration soit plus évidente, que d'y employer les lignes courbes qui se décrivent par l'instrument XYZ *(fig. 25)* ci-dessus expliqué. Car, voulant trouver deux moyennes proportionnelles entre YA et YE, il ne faut que décrire un cercle dont le diamètre soit YE, et pourceque ce cercle coupe la courbe AD au point D, YD est l'une des moyennes proportionnelles cherchées, dont la démonstration se voit à l'œil par la seule application de cet instrument sur la ligne YD; car, comme YA ou YB, qui lui est égale, est à YC, ainsi YC est à YD, et YD à YE.

Tout de même pour trouver quatre moyennes proportionnelles entre YA et YG, ou pour en trouver six entre YA et YN, il ne faut que tracer le cercle YFG qui, coupant AF au point F, détermine la ligne droite YF qui est l'une de ces quatre proportionnelles; ou YHN qui, coupant AH au point H, détermine YH l'une des six; et ainsi des autres.

Mais pourceque la ligne courbe AD est du second genre, et qu'on peut trouver deux moyennes proportionnelles par les sections coniques qui sont du

premier ; et aussi pourcequ'on peut trouver quatre ou six moyennes proportionnelles par des lignes qui ne sont pas de genres si composés que sont AF et AH,
ce seroit une faute en géométrie que de les y employer. Et c'est une faute aussi,
d'autre côté, de se travailler inutilement à vouloir construire quelque problème
par un genre de lignes plus simple que sa nature ne permet.

Or, afin que je puisse ici donner quelques règles pour éviter l'une et l'autre De la nature des
équations.
de ces deux fautes, il faut que je die quelque chose en général de la nature des
équations, c'est-à-dire des sommes composées de plusieurs termes partie connus
et partie inconnus dont les uns sont égaux aux autres, ou plutôt qui, considérés
tous ensemble, sont égaux à rien : car ce sera souvent le meilleur de les considérer
en cette sorte.

Sachez donc qu'en chaque équation, autant que la quantité inconnue a de Combien il peut y
avoir de racines en
chaque équation.
dimensions, autant peut-il y avoir de diverses racines, c'est-à-dire de valeurs de
cette quantité ; car, par exemple, si on suppose x égale à 2, ou bien $x - 2$ égal
à rien ; et derechef $x = 3$, ou bien $x - 3 = 0$; en multipliant ces deux équations

$$x - 2 = 0, \quad \text{et} \quad x - 3 = 0,$$

l'une par l'autre, on aura

$$x^2 - 5x + 6 = 0,$$

ou bien

$$x^2 = 5x - 6,$$

qui est une équation en laquelle la quantité x vaut 2 et tout ensemble vaut 3.
Que si derechef on fait

$$x - 4 = 0,$$

et qu'on multiplie cette somme par

$$x^2 - 5x + 6 = 0,$$

on aura

$$x^3 - 9x^2 + 26x - 24 = 0,$$

qui est une autre équation en laquelle x, ayant trois dimensions, a aussi trois
valeurs, qui sont 2, 3 et 4.

Mais souvent il arrive que quelques unes de ces racines sont fausses ou moin Quelles sont les
fausses racines.
dres que rien ; comme si on suppose que x désigne aussi le défaut d'une quantité
qui soit 5, on a

$$x + 5 = 0,$$

qui, étant multiplié par

$$x^3 - 9x^2 + 26x - 24 = 0$$

fait

$$x^4 - 4x^3 - 19x^2 + 106x - 120 = 0$$

pour une équation en laquelle il y a quatre racines, à savoir trois vraies qui sont
2, 3, 4, et une fausse qui est 5.

41

Et on voit évidemment de ceci que la somme d'une équation qui contient plusieurs racines peut toujours être divisée par un binôme composé de la quantité inconnue moins la valeur de l'une des vraies racines, laquelle que ce soit, ou plus la valeur de l'une des fausses ; au moyen de quoi on diminue d'autant ses dimensions.

Comment on peut diminuer le nombre des dimensions d'une équation lorsqu'on connoît quelqu'une de ses racines.

Et réciproquement que si la somme d'une équation ne peut être divisée par un binôme composé de la quantité inconnue + ou − quelque autre quantité, cela témoigne que cette autre quantité n'est la valeur d'aucune de ses racines. Comme cette dernière

$$x^4 - 4x^3 - 19x^2 + 106x - 120 = 0$$

peut bien être divisée par $x - 2$, et par $x - 3$, et par $x - 4$, et par $x + 5$, mais non point par $x +$ ou $-$ aucune autre quantité ; ce qui montre qu'elle ne peut avoir que les quatre racines 2, 3, 4 et 5.

Comment on peut examiner si quelque quantité donnée est la valeur d'une racine.

On connoît aussi de ceci combien il peut y avoir de vraies racines et combien de fausses en chaque équation : à savoir il y en peut avoir autant de vraies que les signes + et − s'y trouvent de fois être changés, et autant de fausses qu'il s'y trouve de fois deux signes + ou deux signes − qui s'entre-suivent. Comme en la dernière, à cause qu'après $+ x^4$ il y a $- 4x^3$, qui est un changement du signe + en −, et après $- 19x^2$ il y a $+ 106x$, et après $+ 106x$ il y a $- 120$, qui sont encore deux autres changements, on connoît qu'il y a trois vraies racines ; et une fausse, à cause que les deux signes − de $4x^3$ et $19x^2$ s'entre-suivent.

Combien il peut y avoir de vraies racines en chaque équation.

De plus, il est aisé de faire en une même équation que toutes les racines qui étoient fausses deviennent vraies, et par même moyen que toutes celles qui étoient vraies deviennent fausses, à savoir en changeant tous les signes + ou − qui sont en la seconde, en la quatrième, en la sixième, ou autres places qui se désignent par les nombres pairs, sans changer ceux de la première, de la troisième, de la cinquième, et semblables qui se désignent par les nombres impairs. Comme si, au lieu de

$$+ x^4 - 4x^3 - 19x^2 + 106x - 120 = 0,$$

on écrit

$$+ x^4 + 4x^3 - 19x^2 - 106x - 120 = 0,$$

on a une équation en laquelle il n'y a qu'une vraie racine qui est 5, et trois fausses qui sont 2, 3 et 4.

Comment on fait que les fausses racines d'une équation deviennent vraies, et les vraies fausses.

Que si, sans connoître la valeur des racines d'une équation, on la veut augmenter ou diminuer de quelque quantité connue, il ne faut qu'au lieu du terme inconnu en supposer un autre qui soit plus ou moins grand de cette même quantité, et le substituer partout en la place du premier.

Comme si on veut augmenter de 3 la racine de cette équation

$$x^4 + 4x^3 - 19x^2 - 106x - 120 = 0,$$

il faut prendre y au lieu de x, et penser que cette quantité y est plus grande que x de 3, en sorte que $y - 3$ est égal à x ; et au lieu de x^2 il faut mettre le carré

Comment on peut augmenter ou diminuer les racines d'une équation sans les connoître.

42

de $y - 3$, qui est $y^2 - 6y + 9$; et au lieu de x^3 il faut mettre son cube qui est $y^3 - 9y^2 + 27y - 27$; et enfin au lieu de x^4 il faut mettre son carré de carré qui est $y^4 - 12y^3 + 54y^2 - 108y + 81$. Et ainsi, décrivant la somme précédente en substituant partout y au lieu de x, on a

$$
\begin{array}{r}
y^4 - 12y^3 + 54y^2 - 108y +\ 81 \\
+\ 4y^3 - 36y^2 + 108y - 108 \\
- 19y^2 + 114y - 171 \\
- 106y + 318 \\
- 120 \\
\hline
y^4 -\ 8y^3 -\quad y^2 +\quad 8y * (^6)\quad = 0,
\end{array}
$$

ou bien

$$y^3 - 8y^2 - y + 8 = 0,$$

où la vraie racine qui étoit 5 est maintenant 8, à cause du nombre 3 qui lui est ajouté.

Que si on veut au contraire diminuer de trois la racine de cette même équation, il faut faire $y + 3 = x$, et $y^2 + 6y + 9 = x^2$ et ainsi des autres, de façon qu'au lieu de

$$x^4 + 4x^3 - 19x^2 - 106x - 120 = 0,$$

on met

$$
\begin{array}{r}
y^4 + 12y^3 + 54y^2 + 108y +\ 81 \\
+\ 4y^3 + 36y^2 + 108y + 108 \\
- 19y^2 - 114y - 171 \\
- 106y - 318 \\
- 120 \\
\hline
y^4 + 16y^3 + 71y^2 -\quad 4y - 420 = 0.
\end{array}
$$

Et il est à remarquer qu'en augmentant les vraies racines d'une équation on diminue les fausses de la même quantité, ou au contraire en diminuant les vraies on augmente les fausses; et que si on diminue, soit les unes, soit les autres, d'une quantité qui leur soit égale, elles deviennent nulles; et que si c'est d'une quantité qui les surpasse, de vraies elles deviennent fausses, ou de fausses vraies. Comme ici, en augmentant de 3 la vraie racine qui étoit 5, on a diminué de 3 chacune des fausses, en sorte que celle qui étoit 4 n'est plus que 1, et celle qui étoit 3 est nulle, et celle qui étoit 2 est devenue vraie et est 1, à cause que $-2 + 3$ fait $+1$: c'est pourquoi en cette équation

$$y^3 - 8y^2 - y + 8 = 0$$

Qu'en augmentant
les vraies racines
on diminue les
fausses, et au
contraire.

(^{6})Descartes indique l'absence d'un terme par le signe * mis à la place de ce terme; nous l'ôterons comme inutile, de même que le facteur 1 qu'il laisse quelquefois.

il n'y a plus que trois racines, entre lesquelles il y en a deux qui sont vraies, 1 et 8, et une fausse qui est aussi 1 ; et en cette autre

$$y^4 + 16y^3 + 71y^2 - 4y - 420 = 0,$$

il n'y en a qu'une vraie qui est 2, à cause que $+5 - 3$ fait $+2$, et trois fausses qui sont 5, 6 et 7.

Or par cette façon de changer la valeur des racines sans les connoître on peut faire deux choses qui auront ci-après quelque usage. La première est qu'on peut toujours ôter le second terme de l'équation qu'on examine, à savoir en diminuant les vraies racines de la quantité connue de ce second terme divisée par le nombre des dimensions du premier, si l'un de ces deux termes étant marqué du signe $+$, l'autre est marqué du signe $-$; ou bien en l'augmentant de la même quantité, s'ils out tous deux le signe $+$ ou tous deux le signe $-$. Comme pour ôter le second terme de la dernière équation qui est

$$y^4 + 16y^3 + 71y^2 - 4y - 420 = 0,$$

ayant divisé 16 par 4, à cause des quatre dimensions du terme y^4, il vient derechef 4 ; c'est pourquoi je fais $z - 4 = y$, et j'écris

$$
\begin{aligned}
z^4 - 16z^3 + 96z^2 - 256z + 256 & \\
+ 16z^3 - 192z^2 + 768z - 1024 & \\
+ 71z^2 - 568z + 1136 & \\
- 4z + 16 & \\
- 420 & \\
\hline
z^4 - 25z^2 - 60z - 36 = 0 &
\end{aligned}
$$

où la vraie racine qui étoit 2 est 6, à cause qu'elle est augmentée de 4 ; et les fausses, qui étoient 5, 6 et 7, ne sont plus que 1, 2 et 3, à cause qu'elles sont diminuées chacune de 4.

Tout de même si on veut ôter le second terme de

$$x^4 - 2ax^3 + (2a^2 - c^2)x^2 - 2a^3x + a^4 = 0,$$

pourceque divisant $2a$ par 4 il vient $\frac{1}{2}a$, il faut faire $z + \frac{1}{2}a = x$, et écrire

$$z^4 + 2az^3 + \frac{3}{2}a^2z^2 + \frac{1}{2}a^3z + \frac{1}{16}a^4$$
$$- 2az^3 - 3a^2z^2 - \frac{3}{2}a^3z - \frac{1}{4}a^4$$
$$+ 2a^2z^2 + 2a^3z + \frac{1}{2}a^4$$
$$- c^2z^2 - ac^2z - \frac{1}{4}a^2c^2$$
$$- 2a^3z - a^4$$
$$+ a^4$$

$$z^4 + \left(\frac{1}{2}a^2 - c^2\right)z^2 - (a^3 + ac^2)z + \frac{5}{16}a^4 - \frac{1}{4}a^2c^2 = 0$$

et si on trouve après la valeur de z, en lui ajoutant $\frac{1}{2}a$ on aura celle de x.

La seconde chose qui aura ci-après quelque usage est qu'on peut toujours, en augmentant la valeur des vraies racines d'une quantité qui soit plus grande que n'est celle d'aucune des fausses, faire qu'elles deviennent toutes vraies, en sorte qu'il n'y ait point deux signes $+$ ou deux signes $-$ qui s'entre-suivent, et outre cela que la quantité connue du troisième terme soit plus grande que le carré de la moitié de celle du second. Car encore que cela se fasse lorsque ces fausses racines sont inconnues, il est aisé néanmoins de juger à peu près de leur grandeur et de prendre une quantité qui les surpasse d'autant ou de plus qu'il n'est requis à cet effet. Comme si on a

$$x^6 + nx^5 - 6n^2x^4 + 36n^3x^3 - 216n^4x^2 + 1296n^5x - 7776n^6 = 0,$$

en faisant $y - 6n = x$ on trouvera

$$
\begin{array}{llllll}
y^6 - 36n & y^5 + 540n^2 & y^4 - 4320n^3 & y^3 + 19440n^4 & y^2 - 46656n^5 & y + 46656n^6 \\
 + n & - 30n^2 & + 360n^3 & - 2160n^4 & + 6480n^5 & - 7776n^6 \\
 & - 6n^2 & + 144n^3 & - 1296n^4 & + 5184n^5 & - 7776n^6 \\
 & & + 36n^3 & - 648n^4 & + 3888n^5 & - 7776n^6 \\
 & & & - 216n^4 & + 2592n^5 & - 7776n^6 \\
 & & & & + 1296n^5 & - 7776n^6 \\
 & & & & & - 7776n^6 \\
\end{array}
$$

$$y^6 - 35ny^5 + 504n^2y^4 - 3780n^3y^3 + 15120n^4y^2 - 27216n^5y = 0.$$

Où il est manifeste que $504n^2$, qui est la quantité connue du troisième terme, est plus grande que le carré de $\frac{35}{2}n$, qui est la moitié de celle du second. Et il n'y a point de cas pour lequel la quantité dont on augmente les vraies racines ait besoin à cet effet d'être plus grande, à proportion de celles qui sont données, que pour celui-ci.

Mais à cause que le dernier terme s'y trouve nul, si on ne désire pas que cela soit il faut encore augmenter tant soit peu la valeur des racines, et ce ne sauroit être de si peu que ce ne soit assez pour cet effet ; non plus que lorsqu'on veut accroître le nombre des dimensions de quelque équation, et faire que toutes les places de ces termes soient remplies, comme si, au lieu de $x^5 - b = 0$, on veut avoir une équation en laquelle la quantité inconnue ait six dimensions et dont aucun des termes ne soit nul, il faut premièrement pour

$$x^5 - b = 0$$

écrire

$$x^6 - bx = 0;$$

puis, ayant fait $y - a = x$, on aura

$$\left.\begin{array}{c} y^6 - 6ay^5 + 15a^2y^4 - 20a^3y^3 + 15a^4y^2 - 6a^5 \\ - b \end{array}\right\} \begin{array}{c} y + a^6 \\ + ab \end{array} = 0,$$

où il est manifeste que, tant petite que la quantité a soit supposée, toutes les places de l'équation ne laissent pas d'être remplies.

De plus on peut, sans connoître la valeur des vraies racines d'une équation, les multiplier ou diviser toutes par telle quantité connue qu'on veut ; ce qui se fait en supposant que la quantité inconnue étant multipliée ou divisée par celle qui doit multiplier ou diviser les racines est égale à quelque autre ; puis multipliant ou divisant la quantité connue du second terme par cette même qui doit multiplier ou diviser les racines, et par son carré celle du troisième, et par son cube celle du quatrième, et ainsi jusques au dernier. Ce qui peut servir pour réduire à des nombres entiers et rationnaux les fractions, ou souvent aussi les nombres sourds qui se trouvent dans les termes des équations. Comme si on a

$$x^3 - \sqrt{3}x^2 + \frac{26}{27}x - \frac{8}{27\sqrt{3}} = 0,$$

et qu'on veuille en avoir une autre en sa place, dont tous les termes s'expriment par des nombres rationnaux, il faut supposer $y = x\sqrt{3}$, et multiplier par $\sqrt{3}$ la quantité connue du second terme qui est aussi $\sqrt{3}$, et par son carré qui est 3 celle du troisième qui est $\frac{26}{27}$, et par son cube qui est $3\sqrt{3}$ celle du dernier qui est $\frac{8}{27\sqrt{3}}$, ce qui fait

$$y^3 - 3y^2 + \frac{26}{9}y - \frac{8}{9} = 0.$$

Puis si on en veut avoir encore une autre en la place de celle-ci, dont les quantités connues ne s'expriment que par des nombres entiers, il faut supposer $z = 3y$, et multipliant 3 par 3, $\frac{26}{9}$ par 9 et $\frac{8}{9}$ par 27, on trouve

$$z^3 - 9z^2 + 26z - 24 = 0,$$

où les racines étant 2, 3 et 4, on connoît de là que celles de l'autre d'auparavant étoient $\frac{2}{3}$, 1 et $\frac{4}{3}$, et que celles de la première étoient

$$\frac{2}{9}\sqrt{3}, \quad \frac{1}{3}\sqrt{3}, \quad \text{et} \quad \frac{4}{9}\sqrt{3}.$$

Cette opération peut aussi servir pour rendre la quantité connue de quelqu'un des termes de l'équation égale à quelque autre donnée, comme si ayant

$$x^3 - b^2x + c^3 = 0,$$

on veut avoir en sa place une autre équation en laquelle la quantité connue du terme qui occupe la troisième place, à savoir celle qui est ici b^2 soit $3a^2$, il faut supposer $y = x\sqrt{\dfrac{3a^2}{b^2}}$, puis écrire

$$y^3 - 3a^2y + \frac{3a^3c^3}{b^3}\sqrt{3} = 0.$$

Au reste, tant les vraies racines que les fausses ne sont pas toujours réelles, mais quelquefois seulement imaginaires, c'est-à-dire qu'on peut bien toujours en imaginer autant que j'ai dit en chaque équation, mais qu'il n'y a quelquefois aucune quantité qui corresponde à celles qu'on imagine ; comme encore qu'on en puisse imaginer trois en celle-ci,

$$x^3 - 6x^2 + 13x - 10 = 0,$$

il n'y en a toutefois qu'une réelle qui est 2, et pour les deux autres, quoiqu'on les augmente ou diminue, ou multiplie en la façon que je viens d'expliquer, on ne saurait les rendre autres qu'imaginaires.

Or quand, pour trouver la construction de quelque problème, on vient à une équation en laquelle la quantité inconnue a trois dimensions, premièrement, si les quantités connues qui y sont contiennent quelques nombres rompus, il les faut réduire à d'autres entiers par la multiplication tantôt expliquée ; et s'ils en contiennent de sourds, il faut aussi les réduire à d'autres rationnaux autant qu'il sera possible, tant par cette même multiplication que par divers autres moyens qui sont assez faciles à trouver. Puis examinant par ordre toutes les quantités qui peuvent diviser sans fraction le dernier terme, il faut voir si quelqu'une d'elles, jointe avec la quantité inconnue par le signe $+$ ou $-$, peut composer un binôme qui divise toute la somme ; et si cela est, le problème est plan, c'est-à-dire il peut être construit avec la règle et le compas ; car, ou bien la quantité connue de ce binôme est la racine cherchée, ou bien l'équation étant divisée par lui se réduit à deux dimensions, en sorte qu'on en peut trouver après la racine par ce qui a été dit au premier livre.

Par exemple, si on a

$$y^6 - 8y^4 - 124y^2 - 64 = 0,$$

le dernier terme qui est 64 peut être divisé sans fraction par 1, 2, 4, 8, 16, 32, 64 ; c'est pourquoi il faut examiner par ordre si cette équation ne peut point être divisée par quelqu'un des binômes $y^2 - 1$ ou $y^2 + 1$, $y^2 - 2$ ou $y^2 + 2$, $y^2 - 4$, etc. ; et on trouve qu'elle peut l'être par $y^2 - 16$ en cette sorte :

$$
\begin{array}{r}
+ y^6 - 8y^4 - 124y^2 - 64 = 0 \\
- y^6 - 8y^4 - 4y^2 - 16 \\
\hline
0 - 16y^4 - 128y^2 \\
- 16 \quad - 16 \\
\hline
+ \quad y^4 + 8y^2 + 4 = 0
\end{array}
$$

Je commence par le dernier terme, et divise -64 par -16, ce qui fait $+4$ que j'écris dans le quotient ; puis je multiplie $+4$ par $+y^2$, ce qui fait $+4y^2$; c'est pourquoi j'écris $-4y^2$ en la somme qu'il faut diviser, car il y faut toujours écrire le signe $+$ ou $-$ tout contraire à celui que produit la multiplication ; et joignant $-124y^2$ avec $-4y^2$, j'ai $-128y^2$ que je divise derechef par -16, et j'ai $+y^4$ pour mettre dans le quotient ; et en le multipliant par y^2, j'ai $-8y^4$ pour joindre avec le terme qu'il faut diviser, qui est aussi $-8y^4$; et ces deux ensemble font $-16y^4$ que je divise par -16, ce qui fait $+y^4$ pour le quotient et $-y^6$ pour joindre avec $+y^6$, ce qui fait 0 et montre que la division est achevée. Mais s'il étoit resté quelque quantité, ou bien qu'on n'eût pu diviser sans fraction quelqu'un des termes précédents, ou eût par là reconnu qu'elle ne pouvoit être faite.

La façon de diviser une équation par un binôme qui contient sa racine.

Tout de même si on a

$$
\left. y^6 + \begin{array}{l} a^2 \\ - 2c^2 \end{array} \right\} y^4 \left. \begin{array}{l} - a^4 \\ + c^4 \end{array} \right\} y^2 \left. \begin{array}{l} - a^6 \\ - 2a^4c^2 \\ - a^2c^4 \end{array} \right\} = 0,
$$

le dernier terme se peut diviser sans fraction par a, a^2, $a^2 + c^2$, $a^3 + ac^2$, et semblables ; mais il n'y en a que deux qu'on ait besoin de considérer, à savoir a^2 et $a^2 + c^2$, car les autres, donnant plus ou moins de dimensions dans le quotient qu'il n'y en a en la quantité connue du pénultième terme, empêcheroient que la division ne s'y pût faire. Et notez que je ne compte ici les dimensions de y^6 que pour trois, à cause qu'il n'y a point de y^5, ni de y^3, ni de y en toute la somme. Or en examinant le binôme $y^2 - a^2 - c^2 = 0$, on trouve que la division se peut faire par lui en cette sorte :

$$
\begin{array}{l}
\left. +y^6 + \begin{array}{l} a^2 \\ -2c^2 \end{array} \right\} y^4 \left. \begin{array}{l} -a^4 \\ +c^4 \end{array} \right\} y^2 \left. \begin{array}{l} -a^6 \\ -2a^4c^2 \\ -a^2c^4 \end{array} \right\} = 0 \\[2ex]
\left. \quad\; 0 \; \begin{array}{l} -2a^2 \\ + c^2 \end{array} \right\} y^4 \left. \begin{array}{l} -a^4 \\ -a^2c^2 \end{array} \right\} y^2 \left. \begin{array}{l} -a^2c^4 \\ -a^2 - c^2 \end{array} \right\} \\[2ex]
\hline
\left. \quad -a^2 - c^2 \quad\;\; -a^2 - c^2 \right. \\[1ex]
\hline
+y^4 \qquad \left. \begin{array}{l} +2a^2 \\ - c^2 \end{array} \right\} y^2 \left. \begin{array}{l} +a^4 \\ +a^2c^2 \end{array} \right\} = 0,
\end{array}
$$

48

Mais lorsqu'on ne trouve aucun binôme qui puisse ainsi diviser toute la somme de l'équation proposée, il est certain que le problème qui en dépend est solide ; et ce n'est pas une moindre faute après cela de tâcher à le construire sans y employer que des cercles et des lignes droites, que ce seroit d'employer des sections coniques à construire ceux auxquels on n'a besoin que de cercles : car enfin tout ce qui témoigne quelque ignorance s'appelle faute.

Que si on a une équation dont la quantité inconnue ait quatre dimensions, il faut en même façon, après en avoir ôté les nombres sourds et rompus, s'il y en a, voir si on pourra trouver quelque binôme qui divise toute la somme en le composant de l'une des quantités qui divisent sans fraction le dernier terme. Et si on en trouve un, ou bien la quantité connue de ce binôme est la racine cherchée, ou du moins, après cette division, il ne reste en l'équation que trois dimensions, ensuite de quoi il faut derechef l'examiner en la même sorte. Mais lorsqu'il ne se trouve point de tel binôme, il faut, en augmentant ou diminuant la valeur de la racine, ôter le second terme de la somme en la façon tantôt expliquée, et après la réduire à une autre qui ne contienne que trois dimensions ; ce qui se fait en cette sorte : au lieu de

$$+ x^4 \ldots px^2 \ldots qx \ldots r = 0,$$

il faut écrire

$$+ y^6 \ldots 2py^4 + (p^2 \ldots 4r)y^2 - q^2 = 0.$$

Et pour les signes $+$ ou $-$ que j'ai omis, s'il y a eu $+p$ en la précédente équation, il faut mettre en celle-ci $+2p$, ou s'il y a eu $-p$, il faut mettre $-2p$; et au contraire s'il y a eu $+r$, il faut mettre $-4r$, ou s'il y a eu $-r$, il faut mettre $+4r$; et soit qu'il y ait eu $+q$ ou $-q$, il faut toujours mettre $-q^2$ et $+p^2$, au moins si on suppose que x^4 et y^6 sont marqués du signe $+$, car ce seroit tout le contraire si on y supposoit le signe $-$.

Par exemple, si on a

$$+ x^4 - 4x^2 - 8x + 35 = 0,$$

il faut écrire en son lieu

$$y^6 - 8y^4 - 124y^2 - 64 = 0,$$

car la quantité que j'ai nommée p étant -4, il faut mettre $-8y^4$ pour $2py^4$; et celle que j'ai nommée r étant 35, il faut mettre $(16 - 140)y^2$, c'est-à-dire $-124y^2$ au lieu de $(p^2 - 4r)y^2$; et enfin q étant 8, il faut mettre -64 pour $-q^2$.

Tout de même, au lieu de

$$+ x^4 - 17x^2 - 20x - 6 = 0,$$

il faut écrire

$$+ y^6 - 34y^4 + 313y^2 - 400 = 0,$$

car 34 est double de 17, et 313 en est le carré joint au quadruple de 6, et 400 est le carré de 20.

Tout de même aussi au lieu de

$$+ z^4 + \left(\frac{1}{2}a^2 - c^2\right) z^2 - (a^3 + ac^2)z - \frac{5}{16}a^4 - \frac{1}{4}a^2c^2 = 0,$$

il faut écrire

$$y^6 + (a^2 - 2c^2)y^4 + (c^4 - a^4)y^2 - a^6 - 2a^4c^2 - a^2c^4 = 0;$$

car p est $\frac{1}{2}a^2 - c^2$, et p^2 est $\frac{1}{4}a^4 - a^2c^2 + c^4$, et $4r$ est $-\frac{5}{4}a^4 + a^2c^2$, et enfin $-q^2$ est $-a^6 - 2a^4c^2 - a^2c^4$.

Après que l'équation est ainsi réduite à trois dimensions, il faut chercher la valeur de y^2 par la méthode déjà expliquée ; et si elle ne peut être trouvée, on n'a point besoin de passer outre, car il suit de là infailliblement que le problème est solide. Mais si on la trouve, on peut diviser par son moyen la précédente équation en deux autres, en chacune desquelles la quantité inconnue n'aura que deux dimensions et dont les racines seront les mêmes que les siennes ; à savoir, au lieu de

$$+ x^4 \ldots px^2 \ldots qx \ldots r = 0,$$

il faut écrire ces deux autres

$$+ x^2 - yx + \frac{1}{2}y^2 \ldots \frac{1}{2}p \ldots \frac{q}{2y} = 0,$$

et

$$+ x^2 + yx + \frac{1}{2}y^2 \ldots \frac{1}{2}p \ldots \frac{q}{2y} = 0.$$

Et pour les signes $+$ et $-$ que j'ai omis, s'il y a $+p$ en l'équation précédente, il faut mettre $+\frac{1}{2}p$ en chacune de celles-ci, et $-\frac{1}{2}p$ s'il y a en l'autre $-p$; mais il faut mettre $+\frac{q}{2y}$ en celle où il y a $-yx$, et $-\frac{q}{2y}$ en celle où il y a $+yx$, lorsqu'il y a $+q$ en la première ; et au contraire, s'il y a $-q$, il faut mettre $-\frac{q}{2y}$ en celle où il y a $-yx$, et $+\frac{q}{2y}$ en celle où il y a $+yx$. Ensuite de quoi il est aisé de connoître toutes les racines de l'équation proposée, et par conséquent de construire le problème dont elle contient la solution, sans y employer que des cercles et des lignes droites.

Par exemple, à cause que faisant

$$y^6 - 34y^4 + 313y^2 - 400 = 0$$

pour

$$x^4 - 17x^2 - 20x - 6 = 0,$$

on trouve que y^2 est 16, on doit, au lieu de cette équation

$$+ x^4 - 17x^2 - 20x - 6 = 0,$$

écrire ces deux autres

$$+ x^2 - 4x - 3 = 0,$$

et

$$+ x^2 + 4x + 2 = 0,$$

car y est 4, $\dfrac{1}{2}y^2$ est 8, p est 17, et q est 20, de façon que

$$+ \frac{1}{2}y^2 - \frac{1}{2}p - \frac{q}{2y} \text{ fait } -3, \text{ et } + \frac{1}{2}y^2 - \frac{1}{2}p + \frac{q}{2y} \text{ fait } + 2.$$

Et tirant les racines de ces deux équations, on trouve toutes les mêmes que si on les tiroit de celle où est x^4, à savoir, on en trouve une vraie qui est $\sqrt{7} + 2$, et trois fausses qui sont

$$\sqrt{7} - 2, \quad 2 + \sqrt{2}, \quad \text{et} \quad 2 - \sqrt{2},$$

Ainsi ayant

$$x^4 - 4x^2 - 8x + 35 = 0,$$

pourceque la racine de

$$y^6 - 8y^4 - 124y^2 - 64 = 0$$

est derechef 16, il faut écrire

$$x^2 - 4x + 5 = 0$$

et

$$x^2 + 4x + 7 = 0.$$

Car ici

$$+ \frac{1}{2}y^2 - \frac{1}{2}p - \frac{q}{2y} \text{ fait } 5, \text{ et } + \frac{1}{2}y^2 - \frac{1}{2}p + \frac{q}{2y} \text{ fait } 7.$$

Et pourcequ'on ne trouve aucune racine, ni vraie ni fausse, en ces deux dernières équations, on connoît de là que les quatre de l'équation dont elles procèdent sont imaginaires, et que le problème pour lequel on l'a trouvée est plan de sa nature, mais qu'il ne sauroit en aucune façon être construit, à cause que les quantités données ne peuvent se joindre.

Tout de même ayant

$$z^4 + \left(\frac{1}{2}a^2 - c^2 \right) z^2 - (a^3 + ac^2)z + \frac{5}{16}a^4 - \frac{1}{4}a^2c^2 = 0,$$

pourcequ'on trouve $a^2 + c^2$ pour y^2, il faut écrire

$$z^2 - \sqrt{a^2 + c^2}\,z + \frac{3}{4}a^2 - \frac{1}{2}a\sqrt{a^2 + c^2} = 0,$$

et

$$z^2 + \sqrt{a^2 + c^2}\,z + \frac{3}{4}a^2 + \frac{1}{2}a\sqrt{a^2 + c^2} = 0,$$

car y est $\sqrt{a^2 + c^2}$, et $+\frac{1}{2}y^2 + \frac{1}{2}p$ est $\frac{3}{4}a^2$, et $\frac{q}{2y}$ est $\frac{1}{2}a\sqrt{a^2 + c^2}$, d'où on connoît que la valeur de z est

$$\frac{1}{2}\sqrt{a^2 + c^2} + \sqrt{-\frac{1}{2}a^2 + \frac{1}{4}c^2 + \frac{1}{2}a\sqrt{a^2 + c^2}},$$

ou bien

$$\frac{1}{2}\sqrt{a^2 + c^2} - \sqrt{-\frac{1}{2}a^2 + \frac{1}{4}c^2 + \frac{1}{2}a\sqrt{a^2 + c^2}}.$$

Et pourceque nous avions fait ci-dessus $z + \frac{1}{2}a = x$, nous apprenons que la quantité x, pour la connoissance de laquelle nous avons fait toutes ces opérations, est

$$+\frac{1}{2} + \sqrt{\frac{1}{4}a^2 + \frac{1}{4}c^2} - \sqrt{\frac{1}{4}c^2 - \frac{1}{2}a^2 + \frac{1}{2}a\sqrt{a^2 + c^2}}.$$

Mais afin qu'on puisse mieux connoître l'utilité de cette règle il faut que je l'applique à quelque problème.

Si le carré $A\,D$ *(fig. 26)* et la ligne $B\,N$ étant donnés, il faut prolonger le côté $A\,C$ jusques à E, en sorte que $E\,F$, tirée de E vers B, soit égale à $N\,B$: on apprend de Pappus, qu'ayant premièrement prolongé $B\,D$ jusques à G, en

Fig. 26.

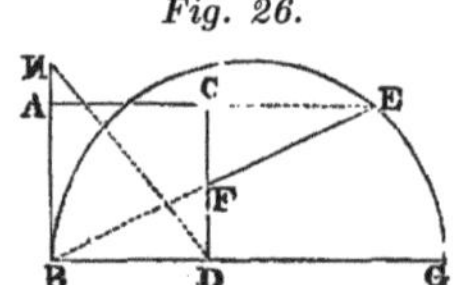

sorte que $D\,G$ soit égale à $D\,N$, et ayant décrit un cercle dont le diamètre soit $B\,G$, si on prolonge la ligne droite $A\,C$, elle rencontrera la circonférence de ce cercle au point E qu'on demandoit. Mais pour ceux qui ne sauroient point cette construction, elle seroit assez difficile à rencontrer ; et, en la cherchant par la méthode ici proposée, ils ne s'aviseroient jamais de prendre DG pour la quantité inconnue, mais plutôt $C\,F$ ou $F\,D$, à cause que ce sont elles qui conduisent le plus aisément à l'équation ; et lors ils en trouveroient une qui ne seroit pas facile à démêler sans la règle que je viens d'expliquer. Car posant a pour $B\,D$ ou $C\,D$, et c pour $E\,F$, et x pour $D\,F$, on a $C\,F = a - x$, et comme $C\,F$ ou $a - x$ est à $F\,E$ ou c, ainsi $F\,D$ ou x est à $B\,F$, qui par conséquent est $\dfrac{cx}{a - x}$. Puis à cause du triangle rectangle $B\,D\,F$ dont les côtés sont l'un x et l'autre a, leurs carrés, qui sont $x^2 + a^2$, sont égaux à celui de la base, qui est $\dfrac{c^2 x^2}{x^2 - 2ax + a^2}$; de façon que, multipliant le tout par $x - 2ax + a^2$, on trouve que l'équation est

$$x^4 - 2ax^3 + 2a^2x^2 - 2a^3x + a^4 = c^2x^2,$$

ou bien

$$x^4 - 2ax^3 + (2a^2 - c^2)x^2 - 2a^3 x + a^4 = 0;$$

et on connoît par les règles précédentes que sa racine, qui est la longueur de la ligne DF, est

$$\frac{1}{2}a + \sqrt{\frac{1}{4}a^2 + \frac{1}{4}c^2} - \sqrt{\frac{1}{4}c^2 - \frac{1}{2}a^2 + \frac{1}{2}a\sqrt{a^2 + c^2}}.$$

Que si on posoit BF, ou CE, ou BE, pour la quantité inconnue, on viendroit derechef à une équation en laquelle il y auroit quatre dimensions, mais qui seroit plus aisée à démêler, et on y viendroit assez aisément ; au lieu que si c'étoit DG qu'on supposât, on viendroit beaucoup plus difficilement à l'équation, mais aussi elle seroit très simple. Ce que je mets ici pour vous avertir que, lorsque le problème proposé n'est point solide, si en le cherchant par un chemin on vient à une équation fort composée, on peut ordinairement venir à une plus simple en le cherchant par un autre.

Je pourrois encore ajouter diverses règles pour démêler les équations qui vont au cube ou au carré de carré, mais elles seroient superflues ; car lorsque les problèmes sont plans on en peut toujours trouver la construction par celles-ci.

Je pourrois aussi en ajouter d'autres pour les équations qui montent jusques au sursolide, ou au carré de cube, ou au-delà, mais j'aime mieux les comprendre toutes en une, et dire en général que, lorsqu'on a tâché de les réduire à même forme que celles d'autant de dimensions qui viennent de la multiplication de deux autres qui en ont moins, et qu'ayant dénombré tous les moyens par lesquels cette multiplication est possible, la chose n'a pu succéder par aucun, on doit s'assurer qu'elles ne sauroient être réduites à de plus simples ; en sorte que si la quantité inconnue a trois ou quatre dimensions, le problème pour lequel on la cherche est solide, et si elle en a cinq ou six, il est d'un degré plus composé, et ainsi des autres. Règle générale pour réduire les équations qui passent le carré de carré.

Au reste, j'ai omis ici les démonstrations de la plupart de ce que j'ai dit, à cause qu'elles m'ont semblé si faciles que, pourvu que vous preniez la peine d'examiner méthodiquement si j'ai failli, elles se présenteront à vous d'elles-mêmes ; et il sera plus utile de les apprendre en cette façon qu'en les lisant.

Or, quand on est assuré que le problème proposé est solide, soit que l'équation par laquelle on le cherche monte au carré de carré, soit qu'elle ne monte que jusques au cube, on peut toujours en trouver la racine par l'une des trois sections coniques, laquelle que ce soit, ou même par quelque partie de l'une d'elles, tant petite qu'elle puisse être, en ne se servant au reste que de lignes droites et de cercles. Mais je me contenterai ici de donner une règle générale pour les trouver toutes par le moyen d'une parabole, à cause qu'elle est en quelque façon la plus simple. Façon générale pour construire tous les problèmes solides réduits à une équation de trois ou quatre dimensions.

Premièrement, il faut ôter le second terme de l'équation proposée, s'il n'est déjà nul, et ainsi la réduire à telle forme

$$z^3 = \ldots apz \ldots a^2 q,$$

si la quantité inconnue n'a que trois dimensions ; ou bien à telle

$$z^4 = \ldots apz^2 \ldots a^2qz \ldots a^3r,$$

si elle en a quatre ; ou bien, en prenant a pour l'unité, à telle

$$z^3 = \ldots pz \ldots q,$$

et à telle

$$z^4 = \ldots pz^2 \ldots qz \ldots r.$$

Après cela, supposant que la parabole FAG *(fig. 27)* est déjà décrite, et que son essieu est $A\,C\,D\,K\,L$, et que son côté droit est a ou 1 dont $A\,C$ est la moitié, et enfin que le point C est au dedans de cette parabole, et que A en est le sommet ; il faut faire $C\,D = \dfrac{1}{2}p$, et la prendre du même côté qu'est le

Fig. 27.

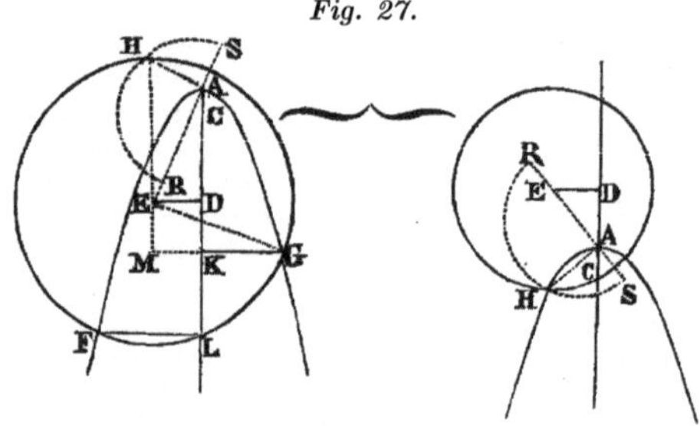

point A au regard du point C, s'il y a $+\,p$ en l'équation ; mais s'il y a $-\,p$, il faut la prendre de l'autre côté. Et du point D, ou bien, si la quantité p étoit nulle, du point C *(fig. 28)* il faut élever une ligne à angles droits jusques à E, en sorte qu'elle soit égale à $\dfrac{1}{2}q$. Et enfin du centre E il faut décrire le cercle $F\,G$ dont le demi-diamètre soit $A\,E$ si l'équation n'est que cubique, en sorte que la quantité r soit nulle. Mais quand il y a $+\,r$ il faut dans cette ligne $A\,E$ *(fig. 27)* prolongée prendre d'un côté $A\,R$ égale à r, et de l'autre $A\,S$ égale au côté droit de la parabole qui est 1 ; et ayant décrit un cercle dont le diamètre soit $R\,S$, il faut faire $A\,H$ perpendiculaire sur $A\,E$, laquelle $A\,H$ rencontre ce cercle $R\,H\,S$ au point H qui est celui par où l'autre cercle $F\,H\,G$ doit passer. Et quand il y a $-\,r$, il faut, après avoir ainsi trouvé la ligne $A\,H$ *(fig. 29)*, inscrire $A\,I$ qui lui soit égale, dans un autre cercle dont $A\,E$ soit le diamètre, et lors c'est par le point I que doit passer $F\,I\,G$ le premier cercle cherché. Or ce cercle $F\,G$ peut couper ou toucher la parabole en un, ou deux, ou trois, ou quatre points, desquels tirant des perpendiculaires sur l'essieu, on a toutes les racines de l'équation tant vraies que fausses. A savoir si la quantité q est marquée du

54

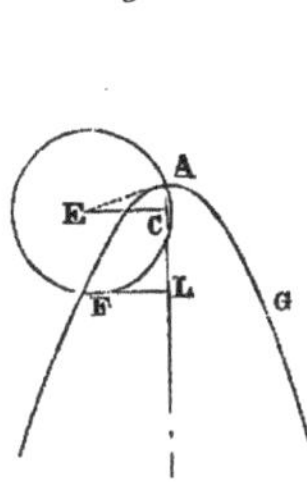

Fig. 28.

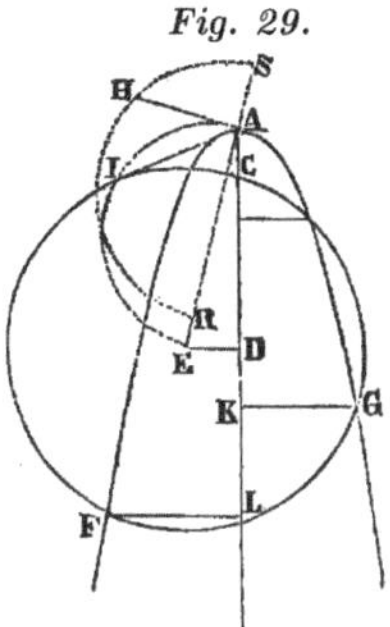

Fig. 29.

signe $+$, les vraies racines seront celles de ces perpendiculaires qui se trouveront du même côté de la parabole que E le centre du cercle, comme $F L$; et les autres, comme $G K$, seront fausses. Mais au contraire, si cette quantité q est marquée du signe $-$, les vraies seront celles de l'autre côté, et les fausses ou moindres que rien seront du côté où est E le centre du cercle. Et enfin si ce cercle ne coupe ni ne touche la parabole en aucun point, cela témoigne qu'il n'y a aucune racine ni vraie ni fausse en l'équation, et qu'elles sont toutes imaginaires. En sorte que cette règle est la plus générale et la plus accomplie qu'il soit possible de souhaiter.

Et la démonstration en est fort aisée ; car si la ligne $G K$ (*fig. 27*), trouvée par cette construction, se nomme z, $A K$ sera z^2, à cause de la parabole en laquelle $G K$ doit être moyenne proportionnelle entre $A K$ et le côté droit qui est 1 ; puis, si de $A K$ j'ôte $A C$ qui est $\dfrac{1}{2}$, et $C D$ qui est $\dfrac{1}{2}p$, il reste $D K$ ou $E M$ qui est $z^2 - \dfrac{1}{2}p - \dfrac{1}{2}$, dont le carré est

$$z^4 - pz^2 - z^2 + \frac{1}{4}p^2 + \frac{1}{2}p + \frac{1}{4};$$

et à cause que $D E$ ou $K M$ est $\dfrac{1}{2}q$, la toute $G M$ est $z + \dfrac{1}{2}q$, dont le carré est

$$z^2 + qz + \frac{1}{4}q^2;$$

et assemblant ces deux carrés on a

$$z^4 - pz^2 + qz + \frac{1}{4}q^2 + \frac{1}{4}p^2 + \frac{1}{2}p + \frac{1}{4},$$

pour le carré de la ligne $G E$, à cause qu'elle est la base du triangle rectangle $E M G$.

Mais à cause que cette même ligne $G\,E$ est le demi-diamètre du cercle $F\,G$, elle se peut encore expliquer en d'autres termes, à savoir $E\,D$ étant $\frac{1}{2}q$, et $A\,D$ étant $\frac{1}{2}p + \frac{1}{2}$, $A\,E$ est

$$\sqrt{\frac{1}{4}q^2 + \frac{1}{4}p^2 + \frac{1}{2}p + \frac{1}{4}},$$

à cause de l'angle droit $A\,D\,E$; puis $H\,A$ étant moyenne proportionnelle entre $A\,S$ qui est 1 et $A\,R$ qui est r, elle est $\sqrt{r}$; et à cause de l'angle droit $E\,A\,H$, le carré de $H\,E$ ou $E\,G$ est

$$\frac{1}{4}q^2 + \frac{1}{4}p^2 + \frac{1}{2}p + \frac{1}{4} + r;$$

si bien qu'il y a équation entre cette somme et la précédente, ce qui est le même que

$$z^4 = pz^2 - qz + r,$$

et par conséquent la ligne trouvée $G\,K$ qui a été nommée z est la racine de cette équation, ainsi qu'il falloit démontrer. Et si vous appliquez ce même calcul à tous les autres cas de cette règle en changeant les signes $+$ et $-$ selon l'occasion, vous y trouverez votre compte en même sorte, sans qu'il soit besoin que je m'y arrête.

Si on veut donc, suivant cette règle, trouver deux moyennes proportionnelles entre les lignes a et q *(fig. 28)*, chacun sait que posant z pour l'une, comme a est à z, ainsi z à $\frac{z^2}{a}$, et $\frac{z^2}{a}$ à $\frac{z^3}{a^2}$; de façon qu'il y a équation entre q et $\frac{z^3}{a^2}$, c'est-à-dire

$$z^3 = a^2 q.$$

Et la parabole $F\,A\,G$ étant décrite, avec la partie de son essieu $A\,C$ qui est $\frac{1}{2}a$ la moitié du côté droit, il faut du point C élever la perpendiculaire $C\,E$ égale à $\frac{1}{2}q$, et du centre E par A, décrivant le cercle $A\,F$, on trouve $F\,L$ et $L\,A$ pour les deux moyennes cherchées.

Tout de même si on veut diviser l'angle $N\,O\,P$ *(fig. 30)*, ou bien l'arc ou portion de cercle $N\,Q\,P\,T$ en trois parties égales, faisant $N\,O = 1$ pour le rayon du cercle, et $N\,P = q$ pour la subtendue de l'arc donné, et $N\,Q = z$ pour la subtendue du tiers de cet arc, l'équation vient

$$z^3 = 3z - q.$$

Car ayant tiré les lignes $N\,Q$, $O\,Q$, $O\,T$, et faisant $Q\,S$ parallèle à $T\,O$, on voit que comme $N\,O$ est à $N\,Q$, ainsi $N\,Q$ à $Q\,R$, et $Q\,R$ à $R\,S$; en sorte que $N\,O$ étant 1, et $N\,Q$ étant z, $Q\,R$ est z^2, et $R\,S$ est z^3 ; et à cause qu'il s'en faut seulement $R\,S$ ou z^3 que la ligne $N\,P$ qui est q ne soit triple de $N\,Q$ qui est z, on a

$$q = 3z - z^3,$$

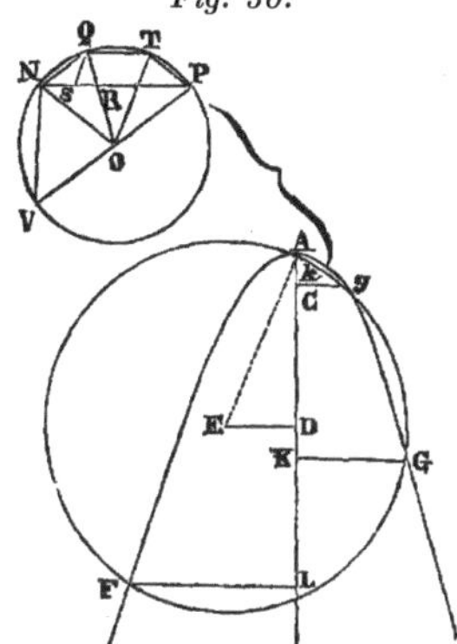

Fig. 30.

ou bien

$$z^3 = 3z - q.$$

Puis la parabole $F\,A\,G$ étant décrite, et $C\,A$ la moitié de son côté droit principal étant $\dfrac{1}{2}$, si on prend $C\,D = \dfrac{3}{2}$, et la perpendiculaire $D\,E = \dfrac{1}{2}q$, et que du centre E par A on décrive le cercle $F\,A\,g\,G$, il coupe cette parabole aux trois points F, g et G, sans compter le point A qui en est le sommet ; ce qui montre qu'il y a trois racines en cette équation, à savoir les deux $G\,K$ et $g\,k$ qui sont vraies, et la troisième qui est fausse, à savoir $F\,L$. Et de ces deux vraies c'est $g\,k$ la plus petite qu'il faut prendre pour la ligne $N\,Q$ qui étoit cherchée ; car l'autre $G\,K$ est égale à $N\,V$ la subtendue de la troisième partie de l'arc $N\,V\,P$, qui avec l'autre arc $N\,Q\,P$ achève le cercle. Et la fausse $F\,L$ est égale à ces deux ensembles $Q\,N$ et $N\,V$, ainsi qu'il est aisé à voir par le calcul.

Il seroit superflu que je m'arrêtasse à donner ici d'autres exemples, car tous les problèmes qui ne sont que solides se peuvent réduire à tel point qu'on n'a aucun besoin de cette règle pour les construire, sinon en tant qu'elle sert à trouver deux moyennes proportionnelles, ou bien à diviser un angle en trois parties égales, ainsi que vous connoîtrez en considérant que leurs difficultés peuvent toujours être comprises en des équations qui ne montent que jusques au carré de carré ou au cube, et que toutes celles qui montent au carré de carré se réduisent au carré par le moyen de quelques autres qui ne montent que jusques au cube, et enfin qu'on peut ôter le second terme de celles-ci ; en sorte qu'il n'y

57

en a point qui ne se puisse réduire à quelqu'une de ces trois formes :

$$z^3 = - pz + q,$$
$$z^3 = + pz + q,$$
$$z^3 = + pz - q.$$

Or si on a $z^3 = - pz + q$, la règle dont Cardan attribue l'invention à un nommé Scipio Ferreus nous apprend que la racine est

$$\sqrt{C. + \frac{1}{2}q + \sqrt{\frac{1}{4}q^2 + \frac{1}{27}p^3}} - \sqrt{C. - \frac{1}{2}q + \sqrt{\frac{1}{4}q^2 + \frac{1}{27}p^3}}.$$

Comme aussi lorsqu'on a $z^3 = +pz+q$, et que le carré de la moitié du dernier terme est plus grand que le cube du tiers de la quantité connue du pénultième, une pareille règle nous apprend que la racine est

$$\sqrt{C. + \frac{1}{2}q + \sqrt{\frac{1}{4}q^2 - \frac{1}{27}p^3}} + \sqrt{C. + \frac{1}{2}q - \sqrt{\frac{1}{4}q^2 - \frac{1}{27}p^3}}.$$

D'où il paroît qu'on peut construire tous les problèmes dont les difficultés se réduisent à l'une de ces deux formes, sans avoir besoin des sections coniques pour autre chose que pour tirer les racines cubiques de quelques quantités données, c'est-à-dire pour trouver deux moyennes proportionnelles entre ces quantités et l'unité.

Puis, si on a $z^3 = + pz + q$, et que le carré de la moitié du dernier terme ne soit point plus grand que le cube du tiers de la quantité connue du pénultième, en supposant le cercle $NQPV$ dont le demi-diamètre NO soit $\sqrt{\frac{1}{3}p}$, c'est-à-dire la moyenne proportionnelle entre le tiers de la quantité donnée p et l'unité, et supposant aussi la ligne NP inscrite dans ce cercle qui soit $\frac{3q}{p}$, c'est-à-dire qui soit à l'autre quantité donnée q comme l'unité est au tiers de p, il ne faut que diviser chacun des deux arcs NQP et NVP en trois parties égales, et on aura NQ la subtendue du tiers de l'un, et NV la subtendue du tiers de l'autre, qui jointes ensemble composeront la racine cherchée.

Enfin si on a $z^3 = pz - q$, en supposant derechef le cercle $NQPV$ dont le rayon NO soit $\sqrt{\frac{1}{3}p}$, et l'inscrite NP soit $\frac{3q}{p}$, NQ la subtendue du tiers de l'arc NQP sera l'une des racines cherchées, et NV la subtendue du tiers de l'autre arc sera l'autre. Au moins, si le carré de la moitié du dernier terme n'est point plus grand que le cube du tiers de la quantité connue du pénultième ; car s'il étoit plus grand, la ligne NP ne pourroit être inscrite dans le cercle, à cause qu'elle seroit plus longue que son diamètre, ce qui seroit cause que les deux vraies racines de cette équation ne seroient qu'imaginaires, et qu'il n'y en auroit de réelle que la fausse, qui, suivant la règle de Cardan, seroit

$$\sqrt{C.\frac{1}{2}q + \sqrt{\frac{1}{4}q^2 - \frac{1}{27}p^2}} + \sqrt{C.\frac{1}{2}q - \sqrt{\frac{1}{4}q^2 - \frac{1}{27}p^2}}.$$

Au reste, il est à remarquer que cette façon d'exprimer la valeur des racines par le rapport qu'elles ont aux côtés de certains cubes dont il n'y a que le contenu qu'on connoisse, n'est en rien plus intelligible ni plus simple que de les exprimer par le rapport qu'elles ont aux subtendues de certains arcs ou portions de cercles dont le triple est donné ; en sorte que toutes celles des équations cubiques qui ne peuvent être exprimées par les règles de Cardan, le peuvent être autant ou plus clairement par la façon ici proposée.

Car si, par exemple, on pense connoître la racine de cette équation

$$z^3 = -qz + p,$$

à cause qu'on sait qu'elle est composée de deux lignes dont l'une est le côté d'un cube duquel le contenu est $\frac{1}{2}q$, ajouté au côté d'un carré duquel derechef le contenu est $\frac{1}{4}q^2 - \frac{1}{27}p^3$, et l'autre est le côté d'un autre cube dont le contenu est la différence qui est entre $\frac{1}{2}q$ et le côté de ce carré dont le contenu est $\frac{1}{4}q^2 - \frac{1}{27}p^3$, qui est tout ce qu'on en apprend par la règle de Cardan. Il n'y a point de doute qu'on ne connoisse autant ou plus distinctement la racine de celle-ci

$$z^3 = +qz - p,$$

en la considérant inscrite dans un cercle dont le demi-diamètre est $\sqrt{\frac{1}{3}p}$, et sachant qu'elle y est la subtendue d'un arc dont le triple a pour sa subtendue $\frac{3q}{p}$. Même ces termes sont beaucoup moins embarrassés que les autres, et ils se trouveront beaucoup plus courts si on veut user de quelque chiffre particulier pour exprimer ces subtendues, ainsi qu'on fait du chiffre $\sqrt{C}.$ pour exprimer le côté des cubes.

Et on peut aussi ensuite de ceci exprimer les racines de toutes les équations qui montent jusques au carré de carré par les règles ci-dessus expliquées ; en sorte que je ne sache rien de plus à désirer en cette matière : car enfin la nature de ces racines ne permet pas qu'on les exprime en termes plus simples, ni qu'on les détermine par aucune construction qui soit ensemble plus générale et plus facile.

Il est vrai que je n'ai pas encore dit sur quelles raisons je me fonde pour oser ainsi assurer si une chose est possible ou ne l'est pas. Mais si on prend garde comment, par la méthode dont je me sers, tout ce qui tombe sous la considération des géomètres se réduit à un même genre de problèmes, qui est de chercher la valeur des racines de quelque équation, on jugera bien qu'il n'est pas malaisé de faire un dénombrement de toutes les voies par lesquelles on les peut trouver, qui soit suffisant pour démontrer qu'on a choisi la plus générale et la plus simple. Et particulièrement pour ce qui est des problèmes solides, que j'ai dit ne pouvoir être construits sans qu'on y emploie quelque ligne plus composée que la circulaire, c'est chose qu'on peut assez trouver de ce qu'ils se réduisent tous à deux constructions, en l'une desquelles il faut avoir tout ensemble les deux points qui déterminent deux moyennes proportionnelles entre deux lignes données, et en l'autre les deux points qui divisent en trois parties égales un arc donné ; car d'autant que la courbure du cercle ne dépend que d'un simple rapport de toutes ses parties au point qui en est le centre, on ne peut aussi s'en servir qu'à déterminer un seul point entre deux extrêmes, comme à trouver une moyenne proportionnelle entre deux lignes droites données, ou diviser en deux un arc donné ; au lieu que la courbure des sections coniques, dépendant toujours de deux diverses choses, peut aussi servir à déterminer deux points différents.

Mais pour cette même raison il est impossible qu'aucun des problèmes qui sont d'un degré plus composé que les solides, et qui présupposent l'invention de quatre moyennes proportionnelles, ou la division d'un angle en cinq parties égales, puissent être construits par aucune des sections coniques. C'est pourquoi je croirai faire en ceci tout le mieux qui se puisse, si je donne une règle générale pour les construire, en y employant la ligne courbe qui se décrit par l'intersection d'une parabole et d'une ligne droite en la façon ci-dessus expliquée ; car j'ose assurer qu'il n'y en a point de plus simple en la nature qui puisse servir à ce même effet, et vous avez vu comme elle suit immédiatement les sections coniques en cette question tant cherchée par les anciens, dont la solution enseigne par ordre toutes les lignes courbes qui doivent être reçues en géométrie.

Vous savez déjà comment, lorsqu'on cherche les quantités qui sont requises pour la construction de ces problèmes, on les peut toujours réduire à quelque équation qui ne monte que jusques au carré de cube ou au sursolide. Puis vous savez aussi comment, en augmentant la valeur des racines de cette équation, on peut toujours faire qu'elles deviennent toutes vraies, et avec cela que la quantité connue du troisième terme soit plus grande que le carré de la moitié de celle du second ; et enfin comment, si elle ne monte que jusques au sursolide, on la peut hausser jusques au carré de cube, et faire que la place d'aucun de ces termes ne manque d'être remplie. Or, afin que toutes les difficultés dont il est ici question puissent être résolues par une même règle, je désire qu'on fasse toutes ces choses, et par ce moyen qu'on les réduise toujours à une équation de telle forme,

$$y^6 - py^5 + qy^4 - ry^3 + sy^2 - ty + u = 0,$$

et en laquelle la quantité nommée q soit plus grande que le carré de la moitié de celle qui est nommée p. Puis ayant fait la ligne $B\,K$ *(fig. 31)* indéfiniment longue des deux côtés, et du point B ayant tiré la perpendiculaire $A\,B$ dont la longueur soit $\frac{1}{2}p$, il faut dans un plan séparé décrire une parabole, comme

Pourquoi les problèmes solides ne peuvent être construits sans les sections coniques, ni ceux qui sont plus composés sans quelques autres lignes plus composées.

Façon générale pour construire tous les problèmes réduits à une équation qui n'a point plus de six dimensions.

$C\,D\,F$, dont le côté droit principal soit

$$\sqrt{\frac{t}{\sqrt{u}} + q - \frac{1}{4}p^2},$$

que je nommerai n pour abréger. Après cela, il faut poser le plan dans lequel est

Fig. 31.

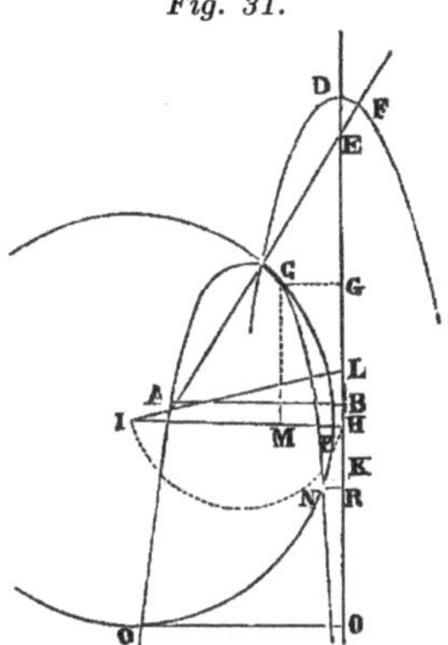

cette parabole sur celui où sont les lignes AB et BK, en sorte que son essieu DE se rencontre justement au-dessus de la ligne droite $B\,K$; et ayant pris la partie de cet essieu qui est entre les points E et D égale à $\dfrac{2\sqrt{u}}{pn}$, il faut appliquer sur ce point E une longue règle en telle façon qu'étant aussi appliquée sur le point A du plan de dessous, elle demeure toujours jointe à ces deux points pendant qu'on haussera ou baissera la parabole tout le long de la ligne $B\,K$ sur laquelle son essieu est appliqué ; au moyen de quoi l'intersection de cette parabole et de cette règle, qui se fera au point C, décrira la ligne courbe $A\,C\,N$, qui est celle dont nous avons besoin de nous servir pour la construction du problème proposé. Car après qu'elle est ainsi décrite, si on prend le point L en la ligne $B\,K$, du côté vers lequel est tourné le sommet de la parabole, et qu'on fasse $B\,L$ égale à $D\,E$, c'est-à-dire à $\dfrac{2\sqrt{u}}{pn}$; puis du point L vers B qu'on prenne en la même ligne $B\,K$ la ligne $L\,H$ égale à $\dfrac{t}{2n\sqrt{u}}$, et que du point H ainsi trouvé on tire à angles droits du côté qu'est la courbe $A\,C\,N$ la ligne $H\,I$ dont la longueur soit $\dfrac{r}{2n^2} + \dfrac{\sqrt{u}}{n^2} + \dfrac{pt}{4n^2\sqrt{u}}$, qui pour abréger sera nommé $\dfrac{m}{n^2}$; et après, ayant joint les points L et I, qu'on décrive le cercle $L\,P\,I$ dont $I\,L$ soit le diamètre, et

61

qu'on inscrive en ce cercle la ligne $L\,P$ dont la longueur soit $\sqrt{\dfrac{s+p\sqrt{u}}{n^2}}$; puis enfin du centre I, par le point P ainsi trouvé, qu'on décrive le cercle $P\,C\,N$. Ce cercle coupera ou touchera la ligne courbe $A\,C\,N$ en autant de points qu'il y aura de racines en l'équation, en sorte que les perpendiculaires tirées de ces points sur la ligne $B\,K$, comme $C\,G$, $N\,R$, $Q\,O$, et semblables, seront les racines cherchées, sans qu'il y ait aucune exception ni aucun défaut en cette règle. Car si la quantité s étoit si grande à proportion des autres p, q, r, t, et u, que la ligne $L\,P$ se trouvât plus grande que le diamètre du cercle $L\,I$, en sorte qu'elle n'y pût être inscrite, il n'y auroit aucune racine en l'équation proposée qui ne fût imaginaire ; non plus que si le cercle $I\,P$ étoit si petit qu'il ne coupât la courbe $A\,C\,N$ en aucun point. Et il la peut couper en six différents, ainsi qu'il peut y avoir six diverses racines en l'équation. Mais lorsqu'il la coupe en moins, cela témoigne qu'il y a quelques-unes de ces racines qui sont égales entre elles, ou bien qui ne sont qu'imaginaires.

Que si la façon de tracer la ligne $A\,C\,N$ par le mouvement d'une parabole vous semble incommode, il est aisé de trouver plusieurs autres moyens pour la décrire : comme si, ayant les mêmes quantités que devant pour $A\,B$ et $B\,L$ *(fig. 32)*, et la même pour $B\,K$ qu'on avoit posée pour le côté droit principal de la parabole, on décrit le demi-cercle $K\,S\,T$ dont le centre soit pris à discrétion dans la ligne $B\,K$, en sorte qu'il coupe quelque part la ligne $A\,B$ comme au point S ; et que du point T où il finit on prenne vers K la ligne $T\,V$ égale à $B\,L$; puis ayant tiré la ligne $S\,V$, qu'on en tire une autre qui lui soit parallèle par le

Fig. 32.

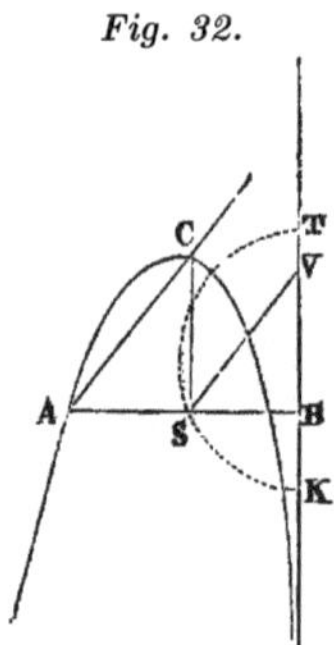

point A, comme $A\,C$, et qu'on en tire aussi une autre par S qui soit parallèle à $B\,K$, comme $S\,C$, le point C où ces deux parallèles se rencontrent sera l'un de ceux de la ligne courbe cherchée. Et on en peut trouver en même sorte autant d'autres qu'on en désire.

Or la démonstration de tout ceci est assez facile ; car, appliquant la règle $A\,E$ *(fig. 31)* avec la parabole $F\,D$ sur le point C, comme il est certain qu'elles

62

peuvent y être appliquées ensemble, puisque ce point C est en la courbe $A\,C\,N$ qui est décrite par leur intersection, si $C\,G$ se nomme y, $G\,D$ sera $\dfrac{y^2}{n}$, à cause que le côté droit qui est n est à $C\,G$ comme $C\,G$ à $G\,D$; et ôtant $D\,E$ qui est $\dfrac{2\sqrt{u}}{pn}$, de $G\,D$, on a $\dfrac{y^2}{n} - \dfrac{2\sqrt{u}}{pn}$ pour $G\,E$. Puis, à cause que $A\,B$ est à $B\,E$ comme $C\,E$ est à $G\,E$, $A\,B$ étant $\dfrac{1}{2}p$, $B\,E$ est $\dfrac{py}{2n} - \dfrac{\sqrt{u}}{ny}$.

Et tout de même en supposant que le point C *(fig. 32)* de la courbe a été trouvé par l'intersection des lignes droites $S\,C$ parallèle à $B\,K$, et $A\,C$ parallèle à $S\,V$, $S\,B$ qui est égale à $C\,G$ est y; et $B\,K$ étant égale au côté droit de la parabole que j'ai nommé n, $B\,T$ est $\dfrac{y^2}{n}$, car comme $K\,B$ est à $B\,S$, ainsi $B\,S$ est à $B\,T$. Et $T\,V$ étant la même que $B\,L$, c'est-à-dire $\dfrac{2\sqrt{u}}{pn}$, $B\,V$ est $\dfrac{y^2}{n} - \dfrac{2\sqrt{u}}{pn}$; et comme $S\,B$ est à $B\,V$, ainsi $A\,B$ est à $B\,E$, qui est par conséquent $\dfrac{py}{2n} - \dfrac{\sqrt{u}}{ny}$ comme devant, d'où on voit que c'est une même ligne courbe qui se décrit en ces deux façons.

Après cela, pourceque $B\,L$ et $D\,E$ *(fig. 31)* sont égales, $D\,L$ et $B\,E$ le sont aussi; de façon qu'ajoutant $L\,H$ qui est $\dfrac{t}{2n\sqrt{u}}$, à $D\,L$ qui est $\dfrac{py}{2n} - \dfrac{\sqrt{u}}{ny}$, on a la toute $D\,H$ qui est

$$\frac{py}{2n} - \frac{\sqrt{u}}{ny} + \frac{t}{2n\sqrt{u}};$$

et en ôtant $G\,D$ qui est $\dfrac{y^2}{n}$, on a $G\,H$ qui est

$$\frac{py}{2n} - \frac{\sqrt{u}}{ny} + \frac{t}{2n\sqrt{u}} - \frac{y^2}{n},$$

ce que j'écris par ordre en cette sorte,

$$G\,H = \frac{-y^3 + \dfrac{1}{2}py^2 + \dfrac{ty}{2\sqrt{u}} - \sqrt{u}}{ny},$$

et le carré de $G\,H$ est

$$\frac{y^6 - py^5 + \left(\dfrac{1}{4}p^2 - \dfrac{t}{\sqrt{u}}\right)y^4 + \left(2\sqrt{u} + \dfrac{pt}{2\sqrt{u}}\right)y^3 + \left(\dfrac{t^2}{4u} - p\sqrt{u}\right)y^2 - ty + u}{n^2y^2}.$$

Et en quelque autre endroit de cette ligne courbe qu'on veuille imaginer le point C, comme vers N ou vers Q, on trouvera toujours que le carré de la ligne droite qui est entre le point H et celui où tombe la perpendiculaire du point C sur $B\,H$, peut être exprimé en ces mêmes termes et avec les mêmes signes $+$ et $-$.

De plus, $H\,I$ étant $\dfrac{m}{n^2}$, et $L\,H$ étant $\dfrac{t}{2n\sqrt{u}}$, $I\,L$ est

$$\sqrt{\frac{m^2}{n^4}+\frac{t^2}{4n^2u}},$$

à cause de l'angle droit $I\,H\,L$; et $L\,P$ étant

$$\sqrt{\frac{s}{n^2}+\frac{p\sqrt{u}}{n^2}},$$

$I\,P$ ou $I\,C$ est

$$\sqrt{\frac{m^2}{n^4}+\frac{t^2}{4n^2u}-\frac{s}{n^2}-\frac{p\sqrt{u}}{n^2}},$$

à cause aussi de l'angle droit $I\,P\,L$. Puis ayant fait $C\,M$ perpendiculaire sur $I\,H$, $I\,M$ est la différence qui est entre $H\,I$ et $H\,M$ ou $C\,G$, c'est-à-dire entre $\dfrac{m}{n^2}$ et y, en sorte que son carré est toujours

$$\frac{m^2}{n^4}-\frac{2my}{n^2}+y^2,$$

qui étant ôté du carré de $I\,C$, il reste

$$\frac{t^2}{4n^2u}-\frac{s}{n^2}-\frac{p\sqrt{u}}{n^2}+\frac{2my}{n^2}-y^2$$

pour le carré de $C\,M$, qui est égal au carré de $G\,H$ déjà trouvé. Ou bien en faisant que cette somme soit divisée comme l'autre par n^2y^2, on a

$$\frac{-n^2y^4+2my^3-p\sqrt{u}uy^2-sy^2+\dfrac{t^2}{4u}y^2}{n^2y^2};$$

puis remettant $\dfrac{t}{\sqrt{u}}y^4+qy^4-\dfrac{1}{4}p^2y^4$ pour n^2y^4, et $ry^3+2\sqrt{u}y^3+\dfrac{pt}{2\sqrt{u}}y^3$ pour $2my^3$; et multipliant l'une et l'autre somme par n^2y^2 on a

$$y^6-py^5+\left(\frac{1}{4}p^2-\frac{t}{\sqrt{u}}\right)y^4+\left(2\sqrt{u}+\frac{pt}{2\sqrt{u}}\right)y^3+\left(\frac{t^2}{4u}-p\sqrt{u}\right)y^2-ty+u$$

égal à

$$\left(\frac{1}{4}p^2-q-\frac{t}{\sqrt{u}}\right)y^4+\left(r+2\sqrt{u}+\frac{pt}{2\sqrt{u}}\right)y^3+\left(\frac{t^2}{4u}-s-p\sqrt{u}\right)y^2,$$

c'est-à-dire qu'on a

$$y^6-py^5+qy^4-ry^3+sy^2-ty+u=0.$$

D'où il paroît que les lignes $C\,G$, $N\,R$, $Q\,O$, et semblables, sont les racines de cette équation, qui est ce qu'il falloit démontrer.

Ainsi donc si on veut trouver quatre moyennes proportionnelles entre les lignes a et b, ayant posé x pour la première, l'équation est

$$x^5 - a^4 b = 0, \quad \text{ou bien} \quad x^6 - a^4 b x = 0.$$

Et faisant $y - a = x$, il vient

$$y^6 - 6ay^5 + 15a^2 y^4 - 20a^3 y^3 + 15a^4 y^2 - \left(6a^5 + a^4 b\right) y + a^6 + a^5 b = 0;$$

c'est pourquoi il faut prendre $3a$ pour la ligne $A\,B$, et

$$\sqrt{\dfrac{6a^3 + a^2 b}{\sqrt{a^2 + ab}} + 6a^2}$$

pour $B\,K$ ou le côté droit de la parabole, que j'ai nommé n, et $\dfrac{a}{3n}\sqrt{a^2 + ab}$ pour $D\,E$ ou $B\,L$. Et après avoir décrit la ligne courbe $A\,C\,N$ sur la mesure de ces trois, il faut faire

$$L\,H = \frac{6a^3 + a^2 b}{2n\sqrt{a^2 + ab}}$$

et

$$H\,I = \frac{10a^3}{n^2} + \frac{a^2}{n^2}\sqrt{a^2 + ab} + \frac{18a^4 + 3a^3 b}{2n^2\sqrt{a^2 + ab}},$$

et

$$L\,P = \frac{a}{n}\sqrt{15a^2 + 6a\sqrt{a^2 + ab}};$$

car le cercle, qui ayant son centre au point I passera par le point P ainsi trouvé, coupera la courbe aux deux points C et N, desquels ayant tiré les perpendiculaires $N\,R$ et $C\,G$, si la moindre $N\,R$ est ôtée de la plus grande $C\,G$, le reste sera x, la première des quatre moyennes proportionnelles cherchées.

Il est aisé en même façon de diviser un angle en cinq parties égales, et d'inscrire une figure de onze ou treize côtés égaux dans un cercle, et de trouver une infinité d'autres exemples de cette règle.

Toutefois il est à remarquer qu'en plusieurs de ces exemples il peut arriver que le cercle coupe si obliquement la parabole du second genre, que le point de leur intersection soit difficile à reconnoître, et ainsi que cette construction ne soit pas commode pour la pratique; à quoi il seroit aisé de remédier en composant d'autres règles à l'imitation de celle-ci, comme on en peut composer de mille sortes.

Mais mon dessein n'est pas de faire un gros livre, et je tâche plutôt de comprendre beaucoup en peu de mots, comme on jugera peut-être que j'ai fait, si on considère qu'ayant réduit à une même construction tous les problèmes d'un même genre, j'ai tout ensemble donné la façon de les réduire à une infinité d'autres diverses, et ainsi de résoudre chacun d'eux en une infinité de façons;

puis outre cela, qu'ayant construit tous ceux qui sont plans en coupant d'un
cercle une ligne droite, et tous ceux qui sont solides en coupant aussi d'un cercle
une parabole, et enfin tous ceux qui sont d'un degré plus composés en coupant
tout de même d'un cercle une ligne qui n'est que d'un degré plus composée que
la parabole, il ne faut que suivre la même voie pour construire tous ceux qui
sont plus composés à l'infini : car, en matière de progressions mathématiques,
lorsqu'on a les deux ou trois premiers termes, il n'est pas malaisé de trouver
les autres. Et j'espère que nos neveux me sauront gré, non seulement des choses
que j'ai ici expliquées, mais aussi de celles que j'ai omises volontairement, afin
de leur laisser le plaisir de les inventer.

FIN.

TABLE DES MATIÈRES

LIVRE PREMIER

DES PROBLÈMES QU'ON PEUT CONSTRUIRE SANS Y EMPLOYER QUE
DES CERCLES ET DES LIGNES DROITES.

LIVRE SECOND

DE LA NATURE DES LIGNES COURBES.

FIN DE LA TABLE.

———

TYPOGRAPHICAL ERRORS CORRECTED
FOR THIS EDITION

p. 42 the last factor "et par $x - 5$" in original, amended to "et par $x + 5$" to match the preceding and following discussion.

p. 61 "entre les points E et D <u>égle</u> à $\dfrac{2\sqrt{u}}{pn}$" in original, amended to "<u>égale</u>".